21 世纪高等院校**电子商务**系列规划教材

视 频
指导版

Photoshop CC

网店美工全能一本通

商品拍摄 + 店铺装修 + 视觉设计

◎ 徐奕胜 许耿 赵瑜 编著

U0236790

人民邮电出版社

北 京

图书在版编目（CIP）数据

Photoshop CC网店美工全能一本通：视频指导版：商品拍摄+店铺装修+视觉设计 / 徐奕胜，许耿，赵瑜编著. -- 北京：人民邮电出版社，2018.8（2019.11重印）
21世纪高等院校电子商务系列规划教材
ISBN 978-7-115-48410-9

Ⅰ. ①P… Ⅱ. ①徐… ②许… ③赵… Ⅲ. ①图象处理软件－高等学校－教材 Ⅳ. ①TP391.413

中国版本图书馆CIP数据核字(2018)第091990号

内 容 提 要

本书共 9 章，主要介绍网店美工常识、拍摄图片与视频、处理商品图片、制作视觉图、制作首页、制作详情页、装修店铺、设计无线端店铺和装修无线端店铺的相关知识。本书内容全面、实例丰富，为读者全方位地介绍了网店中各个模块的设计与装修方法，快速提升读者的设计能力，能够有效解决网店美工工作者实际工作中的问题。

本书将理论与网店运营实操紧密结合，既适合普通高等院校电子商务相关专业学生作为教材使用；同时也适合网店美工专业人士、淘宝天猫店主、各类美工培训机构参考使用。

◆ 编　著　徐奕胜　许　耿　赵　瑜
　　责任编辑　许金霞
　　责任印制　焦志炜

◆ 人民邮电出版社出版发行　　北京市丰台区成寿寺路 11 号
　　邮编　100164　　电子邮件　315@ptpress.com.cn
　　网址　http://www.ptpress.com.cn
　　天津画中画印刷有限公司印刷

◆ 开本：700×1000　1/16
　　印张：14.25　　　　　　　　　2018 年 8 月第 1 版
　　字数：325 千字　　　　　　　 2019 年 11 月天津第 4 次印刷

定价：69.80 元

读者服务热线：**(010)81055256**　印装质量热线：**(010)81055316**
反盗版热线：**(010)81055315**
广告经营许可证：京东工商广登字 20170147 号

前言
PREFACE

　　网店美工是基于我国蓬勃发展的网上购物而发展起来的职业，网店美工的工作职责是通过Photoshop进行图片的处理，并根据店铺产品的要求，制作不同效果的促销图片。随着网上购物的飞速发展与完善，美工工作者只会使用Photoshop处理商品图片已经不足以满足社会的需求，而是要将自己当作一名营销人员，站在客户的角度来考虑问题，通过在图片中添加文案等方法，将产品的卖点、促销信息、品牌文化表达出来。因此，对于美工工作者来说，文案的编写、颜色的搭配、图片的美化三种技能缺一不可，其直接影响着店铺的美观度和消费者的购买意向。

　　本书从美工工作者所需的基础知识入手，通过详细讲解网店页面的设计与制作方法，培养并提高读者的设计能力，帮助读者快速胜任美工这一岗位。

　　本书共9章，分为以下5个部分进行介绍，学习重点和主要内容如下表所示。

学习重点和主要内容

章	学习重点	主要内容
第1章	1. 网店美工概述 2. 网店美工必须掌握的设计要点 3. 网店美工文案策划	讲解网店美工的基础知识，如何做好美工工作，并对设计方法和注意事项进行了简单介绍
第2章	1. 拍摄前的准备工作 2. 拍摄时的构图技巧 3. 拍摄商品图片 4. 拍摄视频	讲解商品图片的拍摄方法以及一些简单的构图技巧，并对视频的拍摄方法进行了简单的介绍
第3章	1. 调整商品图片尺寸 2. 修饰与处理商品图片 3. 文字与图形的输入与编辑	讲解商品图片的处理方法，主要包括大小、调色的处理，以及各种特殊处理方法，最后对文字的输入与编辑进行了简单的介绍
第4~7章	1. 制作视觉图 2. 制作首页 3. 制作详情页 4. 装修店铺	讲解店铺各个模块的设计与装修方法
第8~9章	1. 设计无线端店铺 2. 装修无线端店铺	讲解无线端店铺的设计与装修，并通过首页和详情页的制作认识PC端与无线端装修的不同

　　本书主要有以下特点。

- 知识系统，结构合理：本书针对网店美工岗位，从网店美工基础知识入手，一步步地介绍网店美工所涉及的知识，由浅入深，层层深入。同时，本书按照"知识讲解＋知识拓展+课堂实训"的结构进行编写，让读者在学习基础知识的同时，同步进行实战练习，从而加强对知识的理解与运用。

- 案例实用性强：本书中的案例与网店美工的实际工作密切相关，完全符合网店美工的真实需求，因此具有很强的可读性和实用性，可以帮助读者快速理解并迅速掌握相关知识的应用。

- 可操作性强：本书中的知识讲解与实际操作同步进行，以步骤加配图的方式快速引导读者完成相关操作，降低了读者学习的难度。

- 知识拓展性强：书中的"经验之谈"小栏目是与网店美工相关的经验、技巧与提示，能帮助读者更好地梳理知识；"技巧秒杀"是对进行网店设计时各种技巧的总结，可帮助读者更好地设计页面。

- 教学资源丰富：本书通过二维码的方式给提供了读者配套的视频教学资料，读者直接扫描二维码即可观看。相关素材和效果文件可登录人邮教育社区（www.ryjiaoyu.com）进行下载。

本书由徐奕胜、许耿、赵瑜编著，在编写过程中得到了众多皇冠店店主的支持，在此表示衷心的感谢。由于时间仓促，作者水平有限，书中难免存在不足之处，欢迎广大读者批评指正。

编著者

2018年2月

目录

CONTENTS

第 1 章 网店美工常识

网络营销的发展壮大，使网店美工人员的市场需求日益增多，网店美工人员要想在激烈的市场竞争中争得一席之地，对网店美工相关知识的掌握与应用就变得尤为重要。因此，网店美工人员在学习设计操作前应了解网店美工的基础知识，包括什么是网店美工、网店美工必须掌握的设计要点、网店美工文案策划等，本章分别对这些基础知识进行介绍。

- 网店美工概述
- 网店美工必须掌握的设计要点
- 网店美工文案策划

本章要点

1.1 网店美工概述

在日常生活中，很多人对网店美工的认知仅仅停留在图片处理、页面美化和店铺装修上，其实并不尽然。网店美工是一位对平面、创意、色彩和构图等进行处理的工作人员，也是一位产品级的平面设计师，通过网店美工具有针对性地对某一个商品图片进行处理，其会更加完美。下面对网店美工的工作范畴、网店美工的技术要求、注意问题、工作准备等进行详细的讲解。

1.1.1 网店美工的工作内容

网店美工与常见的设计人员不同，网店美工主要负责网店的店铺装修，以及商品图片的创意处理。与普通的美工相比，该职业对平面设计与软件的要求更高，往往需要掌握更多的知识，下面对网店美工的工作范畴进行介绍。

- 掌握店铺特色：优秀的网店能给人留下良好的第一印象，而目前网店中同类型的店铺繁多，若想在众多的店铺中脱颖而出，特色就变得十分重要。网店只有展示出属于自己的特色才能够吸引更多的客户驻足，从而选取商品，提高交易成功率。所以网店美工在设计中，展现出属于自己店铺的特色是成功的第一步。

- 商品的美化：使用相机拍摄出的商品图片是不能够直接上架的，为了体现商品的效果，对商品进行美化和修饰是必不可少的。但是需要谨记的是，网店美工不是单纯的艺术家，怎么让客户接受你的设计才是最重要的。

- 店铺的装修与设计：网店美工不只是将图片处理后，再按照淘宝中自带的模块进行添加，一名好的网店美工不但需要掌握基本的技术方法，还要将方法运用到店铺的装修中，提取卖点吸引客户，并通过与代码的结合使用，花最少的钱达到最好的装修效果。

- 活动页面的设计：网店平台会不定期举行各种促销活动，为了达到"与众不同"的效果，从竞争激烈的店铺页面中脱颖而出，得到客户青睐，活动策划就十分重要。这时，优秀的网店美工更需要透彻理解活动，通过设计与装修店铺页面将活动意图传达给客户，让客户了解活动的内容、促销的力度，从而促进销量的提升。网店美工在设计页面时要保证其契合活动主题、页面美观。

- 推广的了解与运用：推广就是将自己的产品、服务、技术等内容通过各种媒体让更多的客户了解、接受，从而达到宣传与普及的目的。对网店美工来说，推广主要是通过图片将网店的产品、品牌、服务等传达给客户，加深店铺在客户心中的印象，并获得认同。而网店推广因为推广活动、推广手段的不同，对页面的规格要求不一，对设计的文件尺寸有时也有很多限制，这就对网店美工提出了更多的要求，其不仅需要在现有的标准下及时有效地向客户表达出设计的意图，还要体现商品的价值。同时文案的编写也需要言之有据，让客户能够快速理解，并对其产生深刻的印象。

1.1.2 网店美工的技术要求

一名合格的网店美工首先需要有扎实的美术功底和良好的创造力，能够对美好的事物有一定的鉴赏能力；具有图像处理与设计能力，能够熟练使用Photoshop、Dreamweaver、 Flash等设计软件制作网店需要的内容。其次，由于网店注重"商品"和"用户体验"，因此网店美工要能够通过图片准确地向客户表达出商品的特点并挖掘潜在客户需求，如何通过图片、文字、色彩搭配，表现出商品的独特性，让客户感受到你的商品与众不同，怎样从网店美工的角度去思考，怎么提高图片的点击率和转化率，实现跨越技术层面追求更高的转化率，激起客户的购买欲望，这些都是一名合格的网店美工应具备的技能。

1.1.3 网店美工须注意的问题

网店美工除了要掌握基本的软件操作外，还需要掌握商品的信息、注意事项、卖点、劣势和怎么让劣势变成优势等。能否做到突出卖点，扬长避短，是一名网店美工合格与否的标准。下面对网店美工需注意的问题分别进行介绍。

- **思路清晰**：在装修店铺和处理图片前，需要有一个明确的思路，即确定一个"大框架"，在该框架中标明店铺主要卖什么，商品有什么特点，可以选择哪些元素进行装修，让其不但美观，还能让商品真实地展现在客户面前。
- **装修时机的把握**：在装修网店的过程中，还要抓住一定的时机，如双11促销、元旦促销等，网店美工应该抓住活动的时机对店铺进行装修，达到时机与装修相配合，从而促进商品的销售。
- **风格与形式相统一**：装修店铺不但要注意色彩的合理搭配，还要统一店铺和详情页的风格，因此选择分类栏、店铺公告和音乐等项目时，统一风格变得尤为重要。
- **做好文字与图片的前期准备**：在淘宝网中，不是申请了某个活动后，才开始进行商品图的制作，往往需要提前1～2个月进行活动的准备。因此在活动前期应抓住时机，对活动的图片进行制作，在活动开始之前完成促销信息的整理。
- **突出主次**：工作过程中，网店美工切忌为了追求漂亮、美观的效果，而对网店进行过度的美化，使商品图片不突出，掩盖店铺的特色和商品的卖点，使展现的效果适得其反。

1.1.4 网店美工的工作准备

网店美工在开展工作前，首先需要获取图片素材，这些素材包括商品的照片和修饰画面的素材。准备好素材后，网店美工才能使用Photoshop软件进行素材的组合与编辑，最终制作出具有吸引力的网店页面，由此可知，图片收集是网店美工开展工作的第一步。

- **图片收集**：在店铺的设计过程中，通常会使用多张素材，这些素材有的用于网页背景的制作，有的用于模块背景的制作，有的为商品图片，有的为模特图片，只有将不同类型的素材图片组合在一起，才能形成最终的效果图，图1-1所示为组合流程效果图。

图1-1　图片组合流程

● 拍摄图片：在装修店铺前，首先要拍摄大量的商品图片。由于网上购物的特殊性，客户不能接触到实物商品，商品的所有信息都要以图片的形式进行传达，而商品的某些物理特性无法被客户所感知，如质量、重量等，这就对图片提出了更高的要求，只有从不同的角度拍摄商品，展示出商品更多不同的细节，才能最终打动客户。图1-2所示为细节展示效果图。

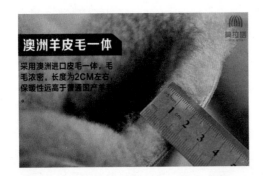

图1-2　细节展示

技巧秒杀

　　除了要准备商品细节图外，大多数时候网店美工为了展示出实物的特性，让客户直观地感受到商品的上身效果，还会拍摄模特使用或者穿戴商品的图片，以此增加说服力，促进购买。

● 获得网络图片存储空间：图片存储空间，即用来存储图片的网络空间，而网络空间多是由专业的IT公司提供的网络服务器。而在淘宝网中也有免费储存图片的空间，即"图片空间"，用户只需进入"卖家中心"页面，并在左侧列表中单击"图片空间"超链接，即可进入"图片空间"页面，在其中不仅可以查看图片信息，还可进行上传图片、删除图片、新建文件夹等操作。图1-3所示为进入图片空间的方法。

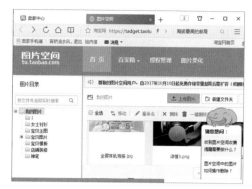

图1-3　进入图片空间

1.2　网店美工必须掌握的设计要点

当网店美工了解了岗位需求和技能后，还需要掌握设计要点，这样设计出的效果图才能更加出彩。网店美工必须掌握的设计要点主要有点、线、面、颜色搭配、构图和文字编辑等，下面分别进行介绍。

1.2.1　认识点、线、面三大基本设计元素

点、线、面是图像中最基本的三大要素，通过对三者的结合使用，可以营造丰富的视觉效果。下面分别对点、线、面进行介绍。

1. 点

点是可见的、最小的形式单元，具有凝聚视觉的作用，可以使画面布局显得合理舒适、灵动且富有冲击力。点的表现形式丰富多样，既包含圆点、方点、三角点等规格的点，又包含锯齿点、雨点、泥点、墨点等不规则的点。点没有固定的大小和形状，画面中最小的形体最容易给人点的感觉，如漫天的雪花、夜空中的星星、大海中的帆船和草原上的马等。点既可以单独存在于页面之中，又可以组合成线或者面。

点的大小、形态、位置不同，所产生的视觉效果、心理作用也不同。图1-4所示为一款"双十一"的促销海报，它以圆点和小网格为点，将其排列成不同的形状，装饰画面，并突出人物和鞋子主体，很好地表现了画面中的主体内容并通过圆点体现活力，让客户一看便知本次活动的主题。

2. 线

线在视觉形态中可以表现长度、宽度、位置、方向和性格，具有刚柔共济、优美和简洁的特点，经常被用于渲染画面，引导、串联或分割画面元素。线分为水平线、垂直线、斜线、曲线。不同线的形态所表达的情感是不同的，直线单纯、大气、明确、庄严；曲线柔和流畅、优雅灵动；斜线具有很强的视觉冲击力，活力四射。图1-5所示为各种线条的组合运用，这样的组合运用使画面

更具有视觉冲击力，从而凸显文字和商品。

图1-4　点的展示效果

图1-5　线的展示效果

3. 面

点被放大即为面，线被分割后产生的各种比例的空间也可被称为面。面有长度、宽度、方向、位置、摆放角度等特性。在版面中，面具有组合信息、分割画面、平衡和丰富空间层次、烘托与深化主题的作用。面在设计中的表现形式一般分为两种，即几何形、自由形。

- 几何形：几何形是指有规律的易于被人们所识别、理解和记忆的图形，包括圆形、矩形、三角形、棱形、多边形等，以及由线条组成的不规则几何形状。不同的几何形具有不同的感情，如矩形给人稳重、厚实与规矩的感觉；圆形给人充实、柔和、圆满的感觉；三角形给人坚实、稳定的感觉；不规则几何形状给人活泼时尚的感觉。若采用不规则几何形状切割画面，与商品配合，可以为画面营造前后层次感，避免画面背景过于单调，图1-6所示为几何形的展现效果。

图1-6　几何形的展现效果

- 自由形：自由形来源于自然或灵感，比较洒脱、随意，可以营造淳朴、生动的视觉效果。自由形可以是表达作者个人情感的各种手绘形，也可以是利用曲线形成的各种图形，图1-7所示为自由形的展现效果图。

图1-7　自由形的展现效果

1.2.2　怎么搭配色彩更出色

网店的色彩搭配与风格是客户进入网店的第一感受，因此色彩是做好网店装修的基础。很多商家在装修网店时，喜欢将一些酷炫的色块随意地堆砌到网店中，使整个页面的色彩杂乱无比，容易使客户视觉疲劳，而好的色彩搭配不但能够让页面更具亲和力和感染力，还能吸引客户持续浏览，增加顾客在网店的停留时间。下面对颜色的影响、色彩的属性与对比、色彩的搭配进行介绍。

1. 颜色的影响

颜色漂亮的网店能给客户眼前一亮的感觉，使客户愿意停留更多的时间，从而提高销售量。色彩能够建立起客户对网店的直观感受，一个色彩具有一致性、统一性的网店，看起来更加整洁、美观，能让客户清晰明了地分辨商品的类别，而且好看的颜色更能衬托出网店的主题，色彩与主题的合理搭配，更能提高购买率。如图1-8所示，整个网店采用白色做背景，又搭配红色、黄色和绿色，让整个画面温馨。图1-9所示的页面采用深蓝色和白色的组合搭配使整个画面更加有时尚感，并且在其中使用红色做辅色体现重点内容。

2. 色彩的属性与对比

色彩由色相、明度以及纯度3种属性构成。色相，即各种色彩给人的视觉感受；明度是眼睛对光源和物体表面的明暗程度的感觉，其高低取决于光线的强弱；纯度也称饱和度，是指色彩的鲜艳度与浑浊度。在色彩搭配时，经常需要用到色彩的对比，下面对常用的色彩对比进行介绍。

- 明度对比：利用色彩的明暗程度进行对比。恰当的明度对比可以产生光感、明快感、清晰感。通常情况下，明度对比较强时，页面清晰、锐利，不容易出现误差，而当明度对比较弱时，配色效果往往不佳，页面会显得柔和单薄、形象不够鲜明。
- 纯度对比：利用纯度的强弱形成对比。纯度对比较弱的画面视觉效果也就较差，适合长时间查看；纯度对比适中的画面视觉效果和谐，可以凸显画面的主次；纯度对比较强的画面较鲜艳明朗、富有生机。

图1-8 白色背景

图1-9 深蓝色和白色背景

- **色相对比**：利用色相之间的差别形成对比。进行色相对比时需要考虑其他色相与主色相之间的关系，如原色对比、间色对比、补色对比、邻近色对比，以及最后需要表现的效果。
- **冷暖色对比**：从颜色给人带来的感官刺激考量，黄、橙、红等颜色给人带来温暖、热情、奔放的感觉，属于暖色调；蓝、蓝绿、紫等颜色给人带来凉爽、寒冷、低调的感觉，属于冷色调。
- **色彩面积对比**：各种色彩在画面中所占面积的大小不同，所呈现出来的对比效果也就不同。若在页面中使用了大面积的黑白色，则可在其中加入适当的红色和蓝色，起到协调和平衡视觉的作用。

3. 色彩的搭配

色彩的搭配是一门技术，灵活运用搭配技巧能让网店更具有感染力和亲和力。在选择页面色彩时，需要选择与网店类目相符合的颜色，因为只有颜色协调才能营造出整体感。下面对不同色系应用的领域和搭配方法进行具体介绍。

- **白色系**：白色被称为全光色，是光明的象征色。在网店设计中，白色给人以高级和科技的感觉，通常需要和其他颜色搭配使用。纯白色会带给人寒冷的感觉，所以在使用白色时，都会添加一些其他的色彩，如象牙白、米白、乳白、苹果白等。另外，在同时使用几种色彩的页面中，白色和黑色可以说是最显眼的颜色。在网店设计中，当白色与暖色（红色、黄色等）搭配时可以增加华丽的感觉；与冷色（蓝色、紫色等）搭配可以传达清爽、轻快的感觉。正是由于这个特点，白色常被用于传达明亮、洁净感觉的商品图片中，图1-10所示为白色系轮播图的展现效果。

图1-10 白色系轮播图展现效果

- 黑色系：在网店设计中，黑色给人以高贵、稳重、科技的感觉，许多科技商品页面的用色，如电视机、摄影机、音箱大多为黑色。黑色还给人以庄严的感觉，也常被用于一些特殊场合的空间设计，生活用品和服饰用品大多利用黑色来设计以塑造高贵的形象，黑色的色彩搭配适应性非常广，大多数颜色与黑色搭配都能得到华丽的视觉效果，图1-11所示为黑色系轮播图的展现效果。

图1-11 黑色系轮播图展现效果

- 绿色系：绿色本身给人以健康的感觉，所以也经常被用于与健康相关的网店。绿色还经常被用于某些公司的公关站点或教育站点。当绿色和白色搭配使用时，可以给人自然的感觉，当绿色和红色搭配使用时，可以给人鲜明且色彩丰富的感觉。同时，绿色可以适当缓解眼部疲劳，为耐看色之一。图1-12所示为绿色系中绿色和红色混用的效果。

图1-12 绿色系中绿色和红色混用的效果

- **蓝色系**：高纯度的蓝色会营造出一种整洁轻快的感觉，低纯度的蓝色会给人一种都市化的现代派感觉。蓝色和绿色、白色的搭配在日常生活中也是随处可见的，它的应用范围很广泛。主颜色选择明亮的蓝色，配以白色的背景色和灰色的辅助色，可以使网店显得干净而简洁，给人庄重、充实的感觉。蓝色、清绿色、白色的搭配可以使页面看起来非常干净清澈。图1-13所示为将蓝色系颜色用于家具网店的效果。

图1-13　蓝色家居轮播效果

- **红色系**：红色是喜庆的色彩，具有刺激效果，是一种雄壮的精神体现，给人愤怒、热情、活力的感觉。在网店装修中鲜明的红色极容易吸引人们的目光。高亮度的红色通过与灰色、黑色等无彩色搭配使用，可以给人现代且激进的感觉。低亮度的红色给人冷静沉着的感觉，可以营造出古典的氛围。在商品的促销设计中，往往用红色起到醒目作用，以促进产品的销售。图1-14所示为红色系颜色的应用效果。

图1-14　红色系颜色的应用效果

1.2.3　怎么让构图更加美观

　　合适的颜色能让画面变得更加出彩，但在进行店铺装修设计时，还需要根据商品与主题要求，将要表现的信息合理地组织起来，构成一个协调、完整的画面。良好的视觉构图能够让店铺更加美观，为了提高构图水平，下面对常见的构图方法进行介绍。

- **中心构图**：在画面中心位置安排主元素，如商品或促销文案，这种构图方式给人稳重、端庄的感觉，适合对称式的构图，可以产生中心透视感。在使用该构图方式时，为了避免画面呆板，可小面积的使用形状、线条或装饰元素进行灵活搭配，增强画面的灵动感。图1-15所示为中心构图效果。

图1-15　中心构图效果

- 九宫格构图：九宫格构图是指用网格将画面平均分成9个区域，在4个交叉点中，选择一个点或者两个点作为画面主物体的位置，同时在其他点上还应适当考虑平衡与对比等因素。该构图方式富有变化与动感，是常用的构图方式之一。图1-16所示为九宫格构图效果。

图1-16　九宫格构图效果

- 对角线构图：对角线构图是指画面主题居于画面的斜对角位置，这能够更好地呈现主题，表现出立体的效果。图1-17所示为对角线构图效果。

图1-17　对角线构图效果

- 三角形构图：三角形构图是指以3个视觉中心为元素的主要放置位置，形成一个稳定的三角形。三角形构图具有稳定、均衡但不失灵活的特点。图1-18所示为三角形构图效果。
- 黄金分割构图：黄金分割构图是指将画面一分为二，其中较大部分与较小部分之比等于整体与较大部分之比，其比值为1:0.618。这个比值是公认的最具美学价值的比值，具有艺术性与和谐性。图1-19所示为黄金分割构图效果。

图1-18　三角形构图效果

图1-19　黄金分割构图效果

1.2.4　怎么选择字体提升图片竞争力

文字是设计中不可缺少的部分，与色彩相辅相成。文字字体的选择要同店铺页面的风格相符合，不要一味地追求新潮，让客户觉得花哨或反感，这会导致流量的流失。字体是为店铺服务的，让客户看得舒服、易懂才是关键。下面讲解字体的相关知识。

在选择字体前，需要先认识网店美工的常用字体，如宋体、黑体、书法体和美术体等，下面对这些常用字体进行介绍。

- **宋体**：宋体是店铺装修中使用最广泛的字体之一。宋体字比较纤细，看上去较优雅，能够很好地体现文艺感。宋体字的字形方正，笔画横平竖直，结构严谨，整齐均匀，在具有秀气端庄特点的同时还具有极强的笔画韵律性，客户在观看时会有一种舒适的感觉，它常被用于电器类和家装类的店铺中。图1-20所示为应用宋体后的页面效果。

图1-20　宋体文字效果

- 黑体：黑体又称方体或等线体，黑体字没有衬线装饰，字形端庄，笔画横平竖直，粗细全部一样。黑体字商业气息浓厚，其"粗"的特点能够满足客户"大"的要求，常被用于商品详情页等大面积使用的页面中，图1-21所示为应用黑体后的页面效果。

图1-21 黑体文字效果

- 书法体：书法体是指书法风格的字体。书法体包括隶书体、行书体、草书体、篆书体和楷书体5种。书法体自由多变，并且顿挫有力，其中还夹杂着文化气息，常被用于书籍类等具有古典气息的店铺中。图1-22所示为应用书法体后的页面效果。

图1-22 书法体文字效果

- 美术体：美术体是指一些非正常的、特殊的、印刷用的字体，一般可以起到美化页面的作用。美术体的笔画和结构一般都进行了一些形象化，常被用于海报中或模板设计的标题部分，应用得当会有提升艺术品味的作用。常用的美术体包括娃娃体、新蒂小丸子体、金梅体、汉鼎、文鼎等，图1-23所示为应用美术体后的页面效果。

图1-23 美术体文字效果

1.3   网店美工文案策划

网店与实体店一样会不定期举行促销活动，如聚划算、淘抢购、新品上线、满减等，这些活动不仅需要大量的图片来进行展示，还需要添加必要的说明文字和宣传语，以便更好地突出商品的特点，达到一目了然的目的。在一些规模较大的网店中，文案策划是一个单独的职位，而往往很多中小型的店铺中，网店美工需要兼任文案策划人员。下面对文案的重要性、文案的策划与编写方法分别进行介绍。

1.3.1   文案在美工中的重要性

文案是影响商品表现力的重要因素，网店美工在策划文案时，需突出商品的卖点，并能有效地抓住客户的购买心理，提高品牌的知名度。

- **突出卖点**：网店是靠图片与文字来说明商品的。没有文字的图片无法完整地展现商品的特点与卖点，而没有图片的文字则无法吸引客户，因此图片和文字缺一不可。
- **精确抓住客户的购买心理**：优秀的文字能够有效地吸引客户，并能精确抓住客户的购买心理，促进商品的销售。好的文案相当于一名优秀的导购，不仅能很好地介绍商品，还能减少客户的顾虑。
- **提高品牌的知名度**：品牌和文案是相辅相成的，通过文案可以让更多的客户了解并熟悉品牌，提高品牌的知名度，帮助店铺拓展市场。当品牌积累了一定的声誉后，文案也有了品牌独特的风格，将吸引更多的新客户，并将其发展为老客户。网店美工就需要结合图片与文案进行设计，达到让新客户认可，提升品牌知名度的效果。

1.3.2   文案的策划与编写

在淘宝店铺中，大型店铺的文案策划和美工工作是分开的，当需要文案时，网店美工只需要与文案策划者进行沟通即可。但是小型的淘宝店铺则不一样，它们人员少，为了减少成本的投入，往往会将文案的策划与编写工作都交给美工，此时了解文案的策划与编写方法对网店美工来说则变得尤为重要。下面将介绍文案的策划与编写方法，并对写作的前期准备进行介绍。

1. 怎么进行文案的策划

文案不只是将文字添加到对应的板块中，还需要对一些要点进行策划分析，将其应用于页面中。在淘宝网中，网店文案主要包括主图文案、详情页文案与品牌故事，不同的文案对应不同的写作手法，如主图文案要一目了然、简明扼要，让客户有点击的意愿；详情页文案则要求层层递进，逐步攻破客户的心理防线，让客户随着了解的深入产生购买欲望；品牌故事则要求以情动人或定位高端，尽量获得客户的信任。因此，文案不是简单的文字输入，而是以客户需求或促销目的为前提，需要进行仔细的策划与考虑的一项工作。一般来说，可从文案的受众群体、目的、主题和视觉表现来进行策划。

- **文案的受众群体**：编写文案前需掌握商品所针对的目标群体，使目标群体与商品产生联系，可以通过分析买卖旺季、相关行业行情、商品行情等，从中掌握文案的受众群体。

- 文案的目的：文案不仅要清楚地表达商品的特点，还要达到促进销售，吸引客户注意的目的。除此之外，还需要提高品牌的知名度，加深客户对品牌的印象。因此，在文案编号前要先明确文案写作的目的，根据需要确定文案的写作方向。

- 文案的主题：文案的主题主要包括两个方面，一方面是商品的特点，需要使用简单的词汇进行阐述，以满足客户的需求；另一方面是和利益挂钩，通过折扣、满减等促销信息，吸引客户。

- 文案的视觉表现：有了文案的写作方向和主题后，还需考虑怎样与图片进行融合，此时就需要通过视觉来呈现，常用的方法是通过字体、颜色来进行表现。

2. 写作文案前的必要准备

写作文案前需要对商品有基本的认识，在基本信息中找寻卖点，对比同行信息，并对这些信息进行剖析，下面分别对写作文案前的必要准备进行介绍。

- 从基本信息中找到卖点：对商品的基本信息进行了解，是文案写作的前提条件。对于每个商品都应从商品的目标人群、材质、商品特色出发，找到文案的关键词，从关键词中提炼卖点。

- 了解同行信息：俗话说"知己知彼，百战百胜"，不仅要了解自己商品的特点，还要对同行的商品信息进行分析和对比，从中吸取经验，去其糟粕，然后结合自己的商品的特点进行优化。

- 资料的准备：根据相关的节日或活动对商品信息、商品卖点进行剖析，拍摄需要的商品图片并对图片进行适当的处理，保证后期能够快速进行图片的制作。

3. 怎么写出吸引人的文案

要想写出一篇优秀的文案，除了要有基本的文字编写能力外，还要掌握文案写作的要点，达到增强消费信心、凸显专业性、强调品质、强调价值等效果，下面分别对这些要点进行介绍。

- 彰显定位，增强消费信心：不是说商品质量好，品牌好，客户就一定会购买，在文案编写时还需要添加一些刺激性的文字，如月销5000件，这样不但说明了商品销量好，还体现了商品的品质。图1-24所示为韩都衣舍对外的宣传海报。

2012—2016年 天猫女装销量总冠军
——数据来源于淘宝数据软件——

图1-24 韩都衣舍的宣传海报

- 巧妙对比，凸显专业性：在同类型商品中，若需要体现商品的专业性，可使用以下两种方法。一是和同行对比，从细节处告诉客户本商品的质量更好；二是用专业知识，如对卖纯棉外套的商家而言，可讲解如何判别纯棉与非纯棉来凸显专业，该方法能够广泛用于详情页中。图1-25所示为通过滚轮对比和毛料对比，体现商品品质。

- 低价商品，强调品质：假如你的商品大多是低价商品，而卖家最怕的就是假货、质量问题。这时文案就要重点突出商品的品质，该方法对于主图、详情页均适用。图1-26所示为从纯棉和新鲜中体现商品的品质。

图1-25 通过对比凸显专业性

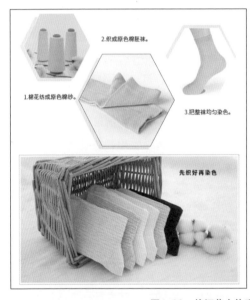

图1-26 从细节中体现商品的品质

- **高价商品，强调价值**：如果对比同类型商品，我们的商品价格更高，此时应强调商品的价值，从各方面体现出其价格高的原因，如商品本身的材质、做工、来源等；还可为商品打造品牌故事或文化，为其赋予能够感动客户的文化价值，增加客户的认同感。图1-27所示为从工艺和舒适度角度展现商品。

图1-27 从工艺和舒适度角度展现商品

1.4　知识拓展

1. 怎么定位网店的装修风格？

在网店装修时，图片一般以JPEG、PNG或GIF格式保存，PSD文件是Photoshop的源文件，用于对图像效果进行调整，不能直接在网店中使用。许多商家在装修店铺的过程中，喜欢把一些炫酷的色块堆砌在店铺中，使整个页面色彩杂乱无章，其实一个好的页面一定要有自己的主色，还要有一些辅助颜色，使整个画面显得干净、美观。下面对网店风格的定位方法进行介绍。

- 先确定自己的品牌主色调：主色调不是随意选择的，而是要系统分析品牌受众人群的心理特征，找到这部分群体易于接受的色彩，将其定为主色，当然在后期的运营过程中，若是发现开始的定位不是很准确，可进行适当地调整。
- 合理搭配辅助色：在页面配色上要将主色的影响力发挥到极致，辅助色只能是辅助，不要喧宾夺主，同时可以将品牌的一些辅助图形用到设计中，让客户看到对应的图形即可想起店铺。

2. 常见的配色方案有哪些？

色彩能给人一种直观的感受，好的色彩搭配对于吸引客户也有很大的帮助。下面讲解网店设计过程中常见的配色方案。

- 同种色彩搭配：同种色彩搭配是指在保证色相大致不变的前提下，调整其透明度和饱和度，通过将色彩变淡或加深，使其成为新的色彩，该类配色方式在首页的运用中保持了色相上的一致，使色彩统一，具有层次感。图1-28所示为不同透明度的红色的展现效果。

图1-28　同色搭配效果

- 同色调色彩搭配：同色调色彩搭配是指同种色调的颜色相互搭配使用，如同为暖色的红色、橙色、黄色等颜色的搭配，可使页面呈现温馨、热情的感觉；而同为冷色的绿色、青色、紫色等颜色的搭配，可使页面呈现宁静、清凉、高雅的感觉。图1-29所示为以黄色和橙色为背景，在其中添加红色的页面效果图。
- 邻近色彩搭配：邻近色彩是指在色环上相邻的颜色，如蓝色和绿色、黄色和红色等都属于邻近色。在店铺装修中可直接使用邻近色，使页面和谐统一，并且避免出现色彩杂乱的现象。图1-30所示为黄色和红色的邻近色彩搭配。

图1-29　同色调色彩搭配

图1-30　邻近色彩搭配

● 对比色彩搭配：对比色彩搭配是指把色相完全相反的色彩搭配在同一个空间里，如红与绿、黄与紫、橙与蓝等。这种色彩搭配，可以产生强烈的视觉效果，给人亮丽、鲜艳、喜庆的感觉。当然使用对比色调时，要把握"大调和，小对比"原则，即总体的色调应该是统一和谐的。图1-31所示为红与绿的对比色彩搭配。

图1-31　红与绿的对比色彩搭配

● 混合色彩搭配：混合色彩搭配是指将一种颜色作为主色，然后使其与其他颜色混合搭配，呈现色彩缤纷，但不杂乱的颜色搭配效果，图1-32所示为混合色彩搭配。

图1-32　混合色彩搭配

3. 在网店装修设计中，文字有哪些布局技巧？

在网店装修设计中，文字除了传达营销信息外，还是一种重要的视觉材料，字体的布局在页面空间、结构、韵律上都是很重要的因素。下面对淘宝店铺装修设计中常用的文字布局技巧进行介绍。

- 字体的选用与变化：在排版淘宝广告文案时，选择2~3种匹配度高的字体能呈现最佳的视觉效果。否则，字体过多会产生零乱而缺乏整体的感觉，容易分散客户注意力，使客户产生视觉疲劳。在对文字进行设计时，可考虑加粗、变细、拉长、压扁或调整行间距来变化字体大小，以产生丰富多彩的视觉效果。
- 文字的统一：在进行文字编排时，需要把握文字的统一性，即文字的字体、粗细、大小与颜色，在搭配组合上让客户有一种关联的感觉，这样文字组合才不会显得松散杂乱。
- 文字的层次布局：在淘宝店铺装修设计中，文案是有层次的，通常是按内容的重要程度设置文本的显示级别，引导客户浏览文案的顺序，首先映入客户眼帘的是该文案强调的重点。在进行文字的编排时，可利用文字的字体、粗细、大小与颜色设计。

1.5　课堂实训

↘ 1.5.1　实训一：赏析三只松鼠旗舰店首页的颜色搭配和布局

【实训目标】

本实训要求以三只松鼠旗舰店的首页为例，讲解其颜色搭配和布局方法。

【实训思路】

根据实训目标，需要先了解首页中包含的信息和内容，再了解其颜色搭配和布局方法，图1-33所示为三只松鼠旗舰店的首页布局效果。

图1-33　三只松鼠旗舰店首页

STEP 01 三只松鼠旗舰店首页主要采用同色调的搭配方式，通过将红色和橘色进行合理搭配使页面更加温馨自然，并使用其他辅助色让页面更丰富。

STEP 02 在字体上选择美术体让画面变得可爱，使其与三只松鼠的主题相呼应。

STEP 03 从布局上来讲，将各个零食版块放于店招的下方，不但好看，而且更方便查找商品。

↘ 1.5.2 实训二：赏析TRIWA天猫旗舰店首页的颜色搭配和字体搭配

【实训目标】

本实训以TRIWA天猫旗舰店首页为例，对页面的设计元素、页面的颜色搭配与字体搭配进行分析。

【实训思路】

先分析页面的设计元素，再对页面的颜色搭配与字体搭配进行依次分析，图1-34所示为TRIWA天猫旗舰店的首页图。

STEP 01 该店铺的首页是以潮流的人物搭配手表为卖点，在中间位置对手表进行展示，体现主体。

STEP 02 在背景颜色的选择上主要以红色和蓝色为主色，通过色彩的对比搭配体现画面的潮流感。

STEP 03 在字体的选择上主要以黑体为主，用黑体文字体现促销信息，对于比较重要的信息突出显示，体现卖点。

图1-34　TRIWA天猫旗舰店首页

第 **2** 章 拍摄图片与视频

　　拍摄的图片质量直接决定了该商品的成交量，好的摄影师是拍摄出好的商品图片的前提条件。在拍摄前需要先选择拍摄的相机以及准备所需的辅助器材，再根据商品的类型进行构图，这样才能拍摄出好的商品图片。在拍摄中除了拍摄商品图片外，还可拍摄商品视频，以方便在主图和详情页中使用。下面讲解拍摄商品图片与视频的方法。

- 拍摄前的准备工作
- 拍摄时的构图技巧
- 拍摄商品图片
- 拍摄视频

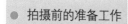

本章要点

2.1 拍摄前的准备工作

相机是拍摄商品图片的工具。在拍摄商品图片前，需要先对相机有所了解，这样拍摄出的商品图片才会更加美观。辅助器材有助于拍摄出好的商品图片，在拍摄时合理使用各种辅助器材，拍摄出的商品图片才会更加真实。下面讲解拍摄前的准备工作，并对商品的清洁与摆放进行简单介绍。

2.1.1 相机的选择与使用

拍摄商品图片时常常使用单反相机，在拍摄图片之前，需要先选择合适的相机。下面对单反相机进行具体介绍。

1. 认识单反相机

单反相机又称单镜头反光照相机，是指用单镜头并通过此镜头反光取景的相机。它是专业级的数码相机，是目前网店商品图片拍摄最常用的相机，属于数码相机中的高端产品，可随意换用与其配套的各种广角、中焦距、远摄或变焦距镜头。用其拍摄的清晰、高质量的照片，是普通相机所不能比拟的。除此之外，单反相机还具有很强的扩展性，不仅能使用偏振镜、减光镜等附加镜头，还能在专业辅助器材（如闪光灯、三脚架）的帮助下拍摄出质量更佳的照片。单反相机如图2-1所示。

图2-1　单反相机

技巧秒杀

现代社会中，网店已经不仅仅使用单反相机拍摄商品图片，一些网店往往还会使用美图手机直接进行商品图片拍摄。这种拍摄方式不但简单，而且可以自动在手机中修图，但是该方法处理出的图片容易失真，而且细节处理不够完善，在一些大型店铺中使用较少。

2. 单反相机的选购

我们对用于拍摄网店商品图片的数码相机的要求比日常家用数码相机的要求更高，对其功能的选择也有所不同，但并不一定要购买价格最贵的顶级数码相机。单反相机的选购要注意以下5点。

- 选择合适的感光元件：感光元件又叫图像传感器，是相机的成像感光器件，感光元件的大小直接影响相机的成像质量。感光元件主要有CCD（电荷耦合）和CMOS（互补金属氧化物半导体）两种，感光元件的尺寸越大，成像越大，感光性能越好。图2-2所示为

CCD和手机CMOS感光元件。

图2-2　感光元件

- 相机要有设置功能【手动曝光（M）模式】：数码相机有不同的拍摄模式，如手动曝光（M）模式、快门优先自动曝光（S或Tv）模式、光圈优先自动曝光（A或Av）模式、全自动曝光模式、程序自动曝光（P）模式，以及多种场景模式。其中手动曝光是选购数码相机的重要因素。

- 强大的微距功能：微距功能的主要作用是将商品主体的细节部分的呈现在客户眼前，常用于首饰类等体积较小的商品，或是需要近距离拍摄，以让客户了解商品细节的情况。图2-3所示为使用微距功能拍摄的商品图。

图2-3　使用微距功能拍摄的商品图

- 要有外接闪光灯的热靴插槽：热靴插槽是数码相机连接各种外置附件的一个固定接口槽。它位于照相机机身的顶部，附设两个及两个以上的触点，其主要用于与闪光灯联动，如图2-4所示。

- 可更换镜头：若希望对整个场景进行拍摄，而一般的相机无法将所有的景物拍下来时，需要使用广角镜头，这时就要进行镜头的更换。数码单反相机和微单相机都具有通过更换镜头来满足拍摄需求的功能，图2-5所示为单反相机的可更换镜头。

图2-4　热靴插槽　　　　　　　　图2-5　单反相机的可更换镜头

3. 相机的使用

在拍摄照片时，正确的持机方法能够使相机保持平稳，防止因手抖而导致图片不清晰。一般而言，正确的持机方法有两种：横向握法和竖向握法。

- 横向握法：右手四指握住相机的手柄，大拇指握住相机的后上部，将右手食指轻轻放在快门按钮上。将相机贴紧面部，使双臂和双肘轻贴身体，两脚略微分开站立，以保持稳定的姿态。图2-6所示为相机的横向握法。
- 竖向握法：右手将相机竖起，左手从镜头底部托住相机，相机的重心落于左手上。拍摄时注意不要让手指或相机带挡住镜头。图2-7所示为相机的竖向握法。

图2-6　相机的横向握法

图2-7　相机的竖向握法

2.1.2　拍摄时所需的辅助器材

若想拍摄不同大小的物品，除了相机，还需要根据拍摄物品的大小准备对应的辅助器材，如遮光罩、三脚架、静物台、柔光箱、闪光灯、无线引闪器、反光板、反光伞、背景纸等。下面分别对这些辅助材料进行介绍。

- 遮光罩：遮光罩是安装在数码相机镜头前端，用于遮挡多余光线的摄影装置。常见的遮光罩有圆筒形、花瓣形与方形3类，其尺寸大小不同，在选用前一定要确认好尺寸，与相机相匹配。图2-8所示为花瓣形的遮光罩。
- 三脚架：三脚架的作用是帮助相机保持稳定。三脚架按照材质不同，可以分为木质、高强塑料、合金材料、钢铁材料、碳素等多种。选购三脚架时，要重点关注三脚架的稳定性。图2-9所示为铝合金三脚架。
- 静物台：静物台主要用于拍摄小型静物商品，使商品可以展示出最佳的拍摄角度与最佳的外观效果。标准的静物台上覆盖了半透明的、用于扩散光线的大型塑料板，便于进行布光照明，消除被摄物体的投影。图2-10所示为静物台。
- 柔光箱：柔光箱能柔化生硬的光线，使光线变得更加柔和。柔光箱多采用反光材料附加柔光布等材料，可使柔光箱发光面更大、更均匀，光线更柔美，色彩更鲜艳，尤其适合反光物品的拍摄。图2-11所示为使用柔光箱拍摄商品图片。
- 闪光灯：闪光灯能在很短的时间内发出很强的光线，是照相感光的摄影配件。闪光灯常被用于光线较暗场合的瞬间照明，也可用于在光线较亮的场合给被拍摄对象局部补光。

闪光灯分为内置闪光灯、机顶闪光灯和影室闪光灯等。图2-12所示为闪光灯。

图2-8　遮光罩

图2-9　三脚架

图2-10　静物台

- 无线引闪器：无线引闪器主要用来控制远处的闪光灯，让闪光跟环境光融合得更自然，一般在影棚里配合各种灯具使用。图2-13所示为无线引闪器。

图2-11　柔光箱

图2-12　闪光灯

图2-13　无线引闪器

- 反光伞：反光伞通常被用于拍摄人像或具有质感的商品。反光伞有不同的颜色，在商品拍摄中最常用的是白色反光伞或银色反光伞，它们不会改变闪光灯光线的色温，是拍摄时的理想光源。图2-14所示为反光伞。
- 反光板：反光板能让平淡的画面变得更加饱满，体现出良好的影像光感、质感，起到突出主体的作用。反光板主要包括硬反光板和软反光板两种类型。图2-15所示为反光板展示效果。
- 背景纸：背景纸是商品拍摄过程中不可缺少的设备，它可以更好地衬托出商品的特点，让商品展示得更加完美。背景纸的颜色丰富，但在使用时不能选择太花哨的，以免喧宾夺主。图2-16所示为背景纸。

图2-14　反光伞

图2-15　反光板

图2-16　背景纸

2.1.3　商品的清洁与摆放

　　拍摄前，要保证被拍摄商品的干净与整洁。拍摄前需要先擦拭商品，保证商品表面没有污迹或指纹。此外，虽然商品的外部形态无法改变，但拍摄时可以充分发挥想象，通过二次设计和美化商品的外部曲线，使其具有一种独特的设计感与美感。也可以从不同角度拍摄商品，特别是对于不同的商品来说，有些商品的正面好看，有些商品的侧面好看，因此，要从最能体现商品美感和特色的角度进行拍摄，选择最能打动客户的角度来展现商品。一般来说，除了正面、侧面等角度外，还需拍摄侧视角度的图片，如20～30°侧视、45°侧视等角度的图片，每个角度都拍2～3张图片，从而比较全面地展现商品的特点。图2-17所示为不同角度的拍摄效果。

图2-17　不同角度拍摄效果

　　拍摄商品时，可通过背景的点缀来提升视觉效果，如金色的沙丘，蓝天、白云和蜿蜒的驼队，沙漠和绿洲，繁华的街景等。在这样的背景下，不用过多的取景与构图技巧，随手按下快门就是一幅漂亮的画面，如图2-18所示。摆放多件商品时，不仅要考虑造型的美感，还要使构图合理。因为画面上的内容多就容易导致杂乱，此时，可采用有序列和疏密相间的方法进行摆放，这既能使画面显得饱满丰富，又不失节奏感与韵律感。图2-19所示为摆放多个商品进行拍摄。

图2-18　添加背景效果　　　　　　　　图2-19　摆放多个商品进行拍摄

2.2　拍摄时的构图技巧

　　拍摄商品图片时，除了要选择好相机和辅助器材，还需考虑如何对商品进行构图，形成一个理想的画面。拍摄时的构图方式与店铺装修的构图方式有类似之处，只是拍摄图片时面对的是图片本身，而店铺装修图片的构图包含图片、文字、形状等所有装饰元素。常见的拍摄构图方式包括九宫格构图、三分法构图、十字形构图、横线构图、竖线构图等。下面分别对其进行介绍。

2.2.1 九宫格构图

九宫格构图有时也称井字构图，该构图方法是黄金分割式构图的一种形式。九宫格构图中，将被摄主体或重要景物放在"九宫格"交叉点的位置上。"井"字的四个交叉点就是主体的最佳位置。在选择构图方位时，右上方的交叉点最为理想，其次为右下方的交叉点。该构图方式较为符合人们的视觉习惯，使主体自然成为视觉中心，具有突出主体并使画面趋向均衡的特点。但是这四个点也有不同的视觉效果，上方两点的动感就比下方的强，左侧比右侧强。要注意的是视觉平衡问题。图2-20所示为九宫格构图效果。

图2-20 九宫格构图

2.2.2 三分法构图

三分法构图是指把画面横竖分为三等份，每一份的中心都可放置主体。这种构图方式适宜多形态平行焦点的主体，也可表现大空间、小对象，也可反向选择。该构图方式表现鲜明，构图简练，可用于近景等不同景别。图2-21所示为使用三分法构图方式的拍摄效果。

图2-21 三分法构图

2.2.3 十字形构图

十字形构图是把画面分成四份，也就是通过画面中心画横、竖两条线，两条线的中心交叉点用于放置主体。此种构图方式可增强画面平衡感，但也存在着呆板等缺点。在商品拍摄过程中，该构图方法适宜对称式构图，如表现家具类商品、人像等，可产生中心透视效果。图2-22所示为使用十字形构图方式的效果。

图2-22　十字形构图

2.2.4　横线构图

横线构图的画面能给人宁静、宽广、稳定、可靠的感觉，但是单一的横线容易割裂画面。在商品拍摄过程中，切忌从中间穿过，一般情况下，可上移或下移躲开中间位置。在构图中除了可采用一条横线外，还可多条横线组合使用。当多条横线充满画面时，可以在部分横线的某一段上放置商品主体，使某些横线产生断线的变异效果。这种方法能突显主体，使其富有装饰效果，是构图中最常用的方法，如图2-23所示。

图2-23　横线构图

2.2.5　竖线构图

竖线构图是商品呈竖向放置和竖向排列的竖幅构图方式。竖线构图的画面能给人坚强、庄严、有力的感觉，也能表现出商品的高挑、秀朗，常用于长条的或者竖立的商品。在构图方法中，竖线构图要比横线构图富有变化。竖线构图中也可采用多线，如对称排列透视、多排透视等，使用这些构图方式都可能获得是想不到的效果，从而达到美化商品的目的，如图2-24所示。

图2-24　竖线构图

2.2.6　斜线构图

斜线构图是商品斜向摆放的构图方式。其特点是富有动感，个性突出，可用来表现造型、色彩或者理念等较为突出的商品，常用来表现商品的流动、倾斜、失衡等场景。在商品构图中，斜线构图方式也较为常用，如图2-25所示。

图2-25　斜线构图

2.2.7　疏密相间法构图

所谓疏密相间法构图，就是指在同一个画面中摆放多件商品进行拍摄，但不能将多个主体放置在同一平面，而要使它们错落有致、疏密相间，让画面紧凑的同时，还能够主次分明。该构图方式主要表现为：该疏处一笔带过，该密处精雕细刻；疏而不松散、不浮荡，密而不生涩、不呆滞；疏密有度，疏中存密，密中见疏，彼此相得益彰。也就是要达到疏而不散，密而不乱的效果，一幅好的画面在构图时一定有疏有密、松弛有度，如图2-26所示。

图2-26　疏密相间法构图

2.2.8　远近结合、明暗相间法构图

在拍摄商品时，合理结合使用近景和远景，可以为画面增强立体感，让整个画面显得更有层次。使用单一的色调进行拍摄，很可能会让画面显得呆板，不够吸引人，而借助色彩和明暗的变化，可以让画面呈现出跳跃的感觉。尤其是在客户搜索商品时，可以使图片从众多商品图片中迅速吸引客户的视线，增加点击率，从而增加成交的机会，如图2-27所示。

图2-27　远近结合、明暗相间法构图

2.3　拍摄商品图片

在商品图片拍摄过程中，因为商品材质不同，不同材质需要的光源不同，所以其对应的环境需求不同，拍摄方式和拍摄环境都有所区别。在拍摄前，需要先构建合适的拍摄环境，再根据材质的不同选择合适的拍摄方式。

2.3.1　构建拍摄环境

为了使商品拍摄取得更好的效果，需要针对不同的商品类型和大小来进行拍摄环境的构建。下面对3种构建拍摄环境的方法分别进行介绍。

● **小件商品的拍摄环境**：小件商品适合在单纯的环境里进行拍摄。图2-28所示的微型摄影棚能有效解决小件商品的拍摄环境问题。使用微型摄影棚既可避免布景的麻烦，又能拍摄出漂亮的、主体突出的商品图片。在没有准备摄影棚的情况下，尽量使用白色或纯色的背景来替代，如白纸或颜色单纯、清洁的桌面等。图2-28所示为使用微型摄影棚拍摄儿童玩具的方法。

图2-28　拍摄儿童玩具

● **大件商品的室内拍摄环境**：在室内拍摄大件商品时，尽量选择整洁且单色的背景，拍摄的图片中最好不要出现其他不相关的物体。室内拍摄对拍摄场地的面积、背景布置、灯光环境等都有要求，需要准备辅助器材，如柔光箱、三脚架、同步闪光灯、引闪器和反光板等。图2-29所示为在室内拍摄组合商品的方法和拍摄的效果。

图2-29 在室内拍摄物品

- **大件商品的外景拍摄**：对大件商品进行外景拍摄主要选择风景优美的环境作为背景，并通过自然光加反光板补光的方式进行拍摄，拍摄出的图片个性鲜明，并可营造出商业化的购物氛围。图2-30所示为外景拍摄方法。

图2-30 外景拍摄

2.3.2 拍摄吸光类商品图片

吸光类商品主要分为全吸光和半吸光两类。其中，全吸光类商品包括毛呢、毛线、裘皮、铸铁、粗陶、橡胶等，半吸光类商品则包括纸制品、质地细腻的纺织品、木材、亚光塑料、部分加工后的金属制品、人的皮肤等。下面分别对两类商品的拍摄技巧和注意事项进行介绍。

- **全吸光类商品**：全吸光类商品的表面粗糙、起伏不平，质地或软或硬。拍摄时可用稍硬的光照明，照射方位要以侧光、侧逆光为主，照射角度宜低。当使用较小的光源照射时，照射的效果所表现的层次和色彩将更加丰富。若使用过柔过散的顺光，则会软化被摄商品的质感。如果拍摄商品表面结构十分粗糙，也可以使用更硬的直射光照明，使表面凹凸不平的质地产生细小的投影，从而强化肌理表现。图2-31所示为毛巾的拍摄。

图2-31 毛巾的拍摄

- **半吸光类商品**：半吸光类商品的表面一般较平滑，大部分可以直接观察到其结构、纹理。半吸光类商品的布光主要以侧光、顺光、侧顺光为主，灯光的照射角度不宜太高，这样才能拍摄出具有视觉层次和色彩表现的照片。图2-32所示为鞋子的拍摄。

图2-32　鞋子的拍摄

全吸光类商品和半吸光类商品的拍摄要点是：根据商品表面质感——粗细程度、软硬程度确定用光光质。表面结构粗糙的商品、质地坚硬结实的商品可以使用硬光，如图2-33所示；质地柔软的商品需要用软光来拍摄，如图2-34所示；也可根据商品的内在气质确定用光光质，内在气质强硬的商品可以用硬光，内在气质柔弱的商品可用软光。如男性专用商品可用硬光，女性或儿童专用商品可用软光。

图2-33　硬光拍摄　　　　　　　　　　图2-34　软光拍摄

 技巧秒杀

使用硬光时应注意光比因素。硬光的光质特性可以使被摄商品的反差加大，明暗光比应控制在感光胶片允许的范围之内，同时要根据被摄商品固有的明度设计好所要表现的明暗反差。控制光比、缩小反差应适当提亮硬光投射所产生的暗部。可用反光板等反光工具或辅助光进行补光。

2.3.3　拍摄反光类商品图片

反光类商品常指不锈钢制品、银器、电镀制品、陶瓷品等。该类商品因为表面光滑，具有强烈的光线反射能力，所以拍摄时不会出现柔和的明暗过渡现象。图2-35所示为反光类商品。

由于反光类商品拍摄时没有明暗过渡，因此拍摄的商品图缺少丰富的明暗层次。此时，反光板的作用变得尤为重要。在拍摄时，可以将一些灰色或深黑色的反光板或吸光板放于被摄商品的旁边，让物体反射出这些光板的色块，以增强厚实感，从而改善表现的效果。在拍摄该类商品时，灯光也很重要，应主要采用较柔和的散射光进行照明，这样不但能使色彩更加丰富，还能使质感得到最大化显示。

图2-35 反光类商品

拍摄反光类商品需要具有一定的技巧，可将大面积的柔光箱和扩散板放于被摄商品的两侧，并尽量靠近被摄商品。这样既可形成均衡、柔和的大面积布光，又可将这些布光全部罩在被摄商品的反射区域内，使其显示出明亮光洁的质感。图2-36所示为反光类商品的拍摄方法。

图2-36 拍摄反光类商品

 技巧秒杀

反光类商品对光线的反射能力较强，拍摄时容易出现"黑白分明"的反差效果。为了不让其立体面出现多个不统一的光斑或黑斑，可采用大面积照射光，并使用反光板照明，使光源面积加大。

2.3.4 拍摄透明类商品图片

透明类商品常指玻璃制品、水晶制品和部分塑料制品等。这类商品具有透明的特点，可以让光线穿透其内部，因此通透性和对光线的反射能力较强。拍摄透明类商品时要表现其晶莹剔透的感觉，因此常选择侧光、侧逆光和底部光等照明方式，利用透明类商品的厚度不同，产生不同的光亮，从而呈现不同的质感。图2-37所示为拍摄出的透明类商品图片。

若在黑背景下拍摄透明类商品，布光应该与被摄商品相分离。此时可在两侧使用柔光箱或是闪光灯，添加光源，把主体和背景分开，再在前方或是左右两侧添加灯箱，将物体的上半部分轮廓表现出来，从而表现出透明类商品的透明度，使其晶莹剔透，如图2-38所示。如果被摄商品盛有带色液体或透明物，为了使色彩不流失原有的纯度，可在背面贴上与外观相符的白纸，从而对原有色进行衬托。

图2-37　拍摄透明类商品

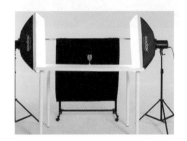 

图2-38　拍摄玻璃杯

2.4　拍摄视频

很多商家在拍摄商品时，除了拍摄商品图片，还会拍摄商品视频，以方便客户查看商品的详细内容。此外，在主图和详情页中加入商品视频会使店铺更有特色，因此视频的拍摄尤为重要。下面将对视频拍摄的基本内容进行介绍，包括视频的基本术语、拍摄视频的流程和拍摄视频的方法等。

2.4.1　视频的基本术语

在拍摄之前，需要先了解视频的基本术语，包括像素、分辨率和帧速率等。

● **像素与分辨率**：像素是构成数码影像的基本单元，通常用单位面积内的像素来表示影像分辨率的大小。分辨率有很多类型，包括打印分辨率、影像分辨率、显示分辨率等。最常见的是影像分辨率，相机中的分辨率就是影像分辨率。分辨率是指画面的解析度，是由像素构成的，通常以乘法的形式表示，如1024像素×768像素，即每一条水平线上包含1024个像素点，共有768条线。像素数值越大，分辨率越高；分辨率越高，图像越清晰；分辨率越低，图像越模糊。

● **帧速率**：帧速率指每秒钟显示图片的帧数，单位为fps。对影片内容而言，帧速率是指每秒所显示的静止帧格数。要想生成平滑连贯的动画效果，帧速率一般不小于8fps。电影的帧速率为24fps，目前国内电视使用的帧速率为25fps。理论上，捕捉动态内容时，帧速率越高，视频越清晰，所占用的空间也越大。帧速率对视频的影响主要取决于播放时所使用的帧速率的高低。若拍摄的是8fps的视频，然后以24fps的帧速率播放，则是快放的效果。相反，若用高速功能拍摄96fps的视频，然后以24fps的帧速率播放，则其播放速率将放慢4倍，视频中的所有动作将会变慢，如同电影中常见的慢镜头播放效果。

2.4.2 视频拍摄的要求

在拍摄时，可能出现一些问题，如摄影机过分移动，拍摄进程将不稳定，拍摄的整体画面会出现倾斜、不平衡；在逆光的情况下进行拍摄，画面主体不清晰；固定画面太少，后期编辑将没有过渡的镜头；声音不清晰等。为了避免出现这些问题，需要掌握一些技巧。拍摄的总体要求包括平、准、稳、匀。

- 平：保持摄像机处于水平状态，尽量让画面在取景器内保持平衡，拍摄出来的影像才不会倾斜。
- 准：在摇镜头或移动镜头时，起幅和落幅要一次到位，不能晃来晃去。
- 稳：画面稳定，拍摄时尽量使用三脚架，不要因变焦而出现画面模糊不清的情况。
- 匀：运动镜头的过程中速度要均匀，除特殊情况外，不能出现时快时慢的现象。

1. 保持画面稳定

画面稳定是视频拍摄的核心要求。虽然现在很多摄像机都带有防抖功能，但是拍摄的视频要增强稳定性，需要使用三脚架。在没有三脚架的情况下，需要双手持机——右手正常持机，左手扶住屏幕使机器稳定。若胳膊肘能够顶住身体找到第三个支点，则摄像机将会更加稳定。

总的来说，要遵循以下原则：双手紧握摄像机，将摄像机的重心放在腕部，同时保持身体平衡，可以找依靠物来稳定重心，如墙壁、柱子、树干等。若需要进行移动拍摄，也要保证双手紧握摄像机，将摄像机的重心放在腕部，两肘夹紧肋部，双腿跨立，稳住身体重心。只有保证了视频的稳定性，才能取得更好的后期效果。

2. 保持画面水平

若画面倾斜严重，将会影响视频效果。因此，在拍摄过程中，应确保取景的水平线（如地平线）和垂直线（如电线杆或大楼）与取景器或液晶屏的边框保持平行，以保持画面水平，符合客观事实。采用倾斜的机位拍摄，有悖于人们眼睛所看到的世界，会让观看者感觉不舒服。

3. 对拍摄时间的把握

在拍摄视频时，要分镜头进行拍摄，因为长时间观看同一视角的视频会使人失去观看的兴趣。同一个动作或同一个场景通过几段甚至是十几段不同镜头的视频连续进行展现就会生动许多。可分镜头拍摄多段视频，然后将其剪辑在一起形成一个完整的视频。因此拍摄视频时应尽量对拍摄时间进行控制，将特写镜头的时间控制在2～3秒，中近景的时间控制在3～4秒，中景的时间控制在5～6秒，全景的时间控制在6～7秒，大全景的时间控制在6～11秒，而一般镜头的时间控制在4～6秒为宜。对拍摄时间进行控制，可以方便后期制作，让观看者看清楚拍摄的场景并明白拍摄者的意图，使视频效果更加生动。

4. 独特的拍摄视角

构图的关键在于"平衡"，拍摄自然风景时，应尽量避免地平线处在画面的等比线上，这样会将画面均分为两部分，给人呆板的感觉。地平线处于画面上方，会给人活泼有力的感觉；地平线处于画面下方，会给人宁静的感觉。在拍摄过程中，使用不同的拍摄机位可获得不同的视角和构图，产生的镜头效果也不同。镜头由下而上拍摄主体，可以使被摄体的形象高大；镜头由上而下拍摄主体，可使被摄体变得渺小而产生戏剧性的效果。

技巧秒杀

　　多数摄像机都有九宫格标识，新手在拍摄时，若不熟悉画面的分割，可以在屏幕上显示九宫格标识，这样能保证基本的构图平衡。

2.4.3　拍摄视频的流程

　　制作视频前需要先拍摄商品视频，拍摄视频与拍摄商品图片有所区别，下面将讲解淘宝商品的拍摄流程。

1. 了解商品的特点

　　在拍摄淘宝视频前需要对拍摄的商品有一定的认识，需了解商品的特点、使用方法和使用后的效果等。只有对商品有所了解，才能选择合适的模特、拍摄环境、拍摄时间，然后根据商品的大小和材质来选择拍摄的器材和布光等。拍摄时，重点表现商品的特色，可以帮助客户更好地了解商品，提高转化率。图2-39所示为商品视频的截图，通过较短的时间便可将商品的特点展现得十分清晰。

图2-39　商品特点展示

2. 道具、模特与场景的准备

　　了解商品的特点后，就可以准备道具、模特，布置场景了，为视频拍摄做好前期准备工作。

- 道具：拍摄视频时可选择的道具有很多，但需要根据实际需要来选择。在室内拍摄商品需要选择适合的摄影灯，若需要对商品进行解说则需要准备录音设备。道具的选择要适当，否则会出现现场场景杂乱的现象。
- 模特：不同的商品对模特的需求不同，有些商品甚至不需要模特，如排气扇。拍摄洗面奶的视频时，可通过模特展示洗面奶的使用方法和使用后的效果。因为模特是为商品服务的，所以不能出现主次不分的情况。

- 场景：拍摄的场景包括室内场景和室外场景。室内场景需要考虑灯光、背景和布局等；室外拍摄时则需要选择一个合适的环境，避免在人物繁杂的环境中进行拍摄。无论是在室内拍摄还是在室外拍摄，都需要多方位展示每款商品并拍摄多组视频，以便后期挑选与剪辑。

3. 视频拍摄

一切准备就绪后，便可进行视频拍摄了。在拍摄过程中，为了保持画面的平衡，需要使用三脚架，并根据商品的性能依次进行拍摄。在拍摄时注意展示全貌，并从各个角度分别进行拍摄。如果属于食品类，还应该拍摄食品制作完成后的效果，如图2-40所示。

图2-40　拍摄视频

4. 后期合成

视频拍摄完成后，需要将多余的部分剪切掉，进行多场景的组合，还需添加字幕、音频、转场和特效等，这些需要利用视频编辑软件完成。常用的视频编辑软件有会声会影和Premiere等。对新手来说，会声会影操作简单，更易掌握。

2.4.4　拍摄宝贝视频

当了解了拍摄视频的流程后，即可进行视频的拍摄。下面将拍摄一款保湿喷雾化妆品的视频，并展示其整体效果，具体操作如下。

STEP 01 在拍摄前，先进行场景和灯光的布置，在没有专业摄影灯的情况下，可使用自然光或照明灯代替。为了防止在瓶身上留下指纹而影响效果，在用手移动或拿起瓶子时，需要戴上手套。拿起保湿喷雾化妆品，先展示其瓶身，如图2-41所示。

STEP 02 将保湿喷雾化妆品放在平台上，展示其正面。用手旋转它，使客户感受该商品的立体形态，如图2-42所示。

图2-41　立体展示　　　　　　　　　　　图2-42　瓶身展示

STEP 03 逆时针旋转，展示商品的侧面，如图2-43所示。

STEP 04 继续逆时针旋转，展示商品的背面，如图2-44所示。

图2-43　侧面展示

图2-44　背面展示

STEP 05 打开瓶盖，将商品放在木制的桌子上，展示喷雾瓶口，并在瓶身上洒少量的水，使瓶身沾上小水珠，产生一种水润的感觉，如图2-45所示。

STEP 06 将瓶盖倚靠在瓶身上，使用喷壶对商品喷水，拍摄瓶身带有水珠的画面，如图2-46所示。

图2-45　搭配拍摄

图2-46　瓶口展示

STEP 07 盖上瓶盖，拍摄商品的正面，对瓶身喷水，如图2-47所示。

图2-47　整体展示

> **经验之谈：**
>
> 在条件允许的情况下，可使用360°旋转展示台的方法进行展示，这样旋转的速度更均匀，展示的效果更好，且不会遮挡瓶身上的文字。

2.5　知识拓展

1. 商品图片的拍摄要求有哪些？

商品的拍摄效果是体现图片质量的重要因素，网店中商品图片的效果直接影响客户对商品的印象。因为大部分商品拍摄为静物室内拍摄，且大多数要展现质感和细节，所以需要还原出商品的"形""色""质"等特点。

- 形：即商品外形特征，其要点在于角度的选择和构图的处理，拍摄时应同时附有参照物，以便于客户理解商品的实际尺寸，并且千万注意不要失真，拍摄角度尽量和商品保持平行，这样拍出的商品外形才会和实物相差不大。

- 色：即商品的色彩还原，这里要求色彩还原一定要真实，而且和背景尽可能要有大的反差，除近白色商品外，白色背景几乎适合其他所有商品的拍摄。特别是服装类商品，拍摄后要及时核对样片，防止出现色差，引起售后纠纷。

- 质：即商品的质量、质地、质感。这是对拍摄的深层次要求，也是展现商品价值的绝好手段。体现"质"的影纹必须要细腻清晰，工艺品类的商品则更应纤毫毕现，因此若要体现质感，则要将具有微距功能的相机、布光、三脚架配合使用。

2. 拍摄过程中常见的布光方式有哪些？

当场景搭好之后，还需要对场景进行布光处理。常见的布光方式有5种，分别是正面两侧布光、两侧45°角布光、单侧45°角不均衡布光、前后交叉布光和后方布光。下面分别进行介绍。

- 正面两侧布光：正面两侧布光是进行商品拍摄时最常用的布光方式。使用正面两侧布光方式时正面投射的光线全面且均衡，能全面表现商品且不会有暗角，但要保证室内光源恒定，光线的强度要够大，如图2-48所示。

- 两侧45°角布光：利用两侧45°角布光时，商品的受光面在顶部，正面并未完全受光。两侧45°角布光适合拍摄外形扁平的小商品，不适合拍摄立体感较强和具有一定高度的商品，如图2-49所示。

- 单侧45°角不均衡布光：利用单侧45°角不均衡布光，商品的一侧出现严重的阴影，底部的投影也很深，商品表面的很多细节无法得以呈现，同时，由于减少了环境光线，反而增加了拍摄的难度。解决该问题的方法是，在另外一边使用反光板或反色泡沫板将光线反射到阴影面上，如图2-50所示。

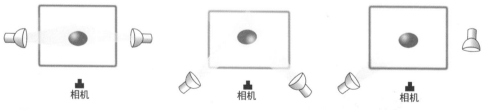

图2-48 正面两侧布光　　　图2-49 两侧45°角布光　　　图2-50 单侧45°角不均衡布光

- 前后交叉布光：前后交叉布光是组合使用前侧光与逆侧光。在打光时，先从商品的侧前方打光，此时商品的背面将出现大面积的阴暗部分，且不能呈现商品的细节。因此还需要在商品的后侧方进行打光，这样也能体现出阴暗部分的层次感，如图2-51所示。

● **后方布光**：后方布光又称轮廓光，指从商品的后面打光，因为是从商品的背面进行照明，所以只能照亮被拍摄商品的轮廓。后方布光拍摄技巧有3种：正逆光、侧逆光和顶逆光，如图2-52所示。

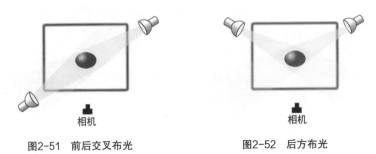

图2-51　前后交叉布光　　　　　　图2-52　后方布光

2.6 课堂实训

↘ 2.6.1 实训一：拍摄不锈钢锅视频

【实训目标】

本实训要求拍摄一款不锈钢锅的视频，在其中展现其外观、材质和工艺。

【实训思路】

根据实训目标，先拍摄不锈钢锅的整体效果，再展现材质和工艺。

STEP 01 将不锈钢锅摆放到固定位置，拍摄商品的整体外观。

STEP 02 将同品牌的其他不锈钢锅摆放到相近的位置，拍摄同品牌其他类型的不锈钢锅，使其产生连带的效果。

STEP 03 近距离拍摄不锈钢锅，拍摄该商品的细节。

STEP 04 近距离展示该商品的材质和工艺，并对使用方法进行拍摄，如图2-53所示。

图2-53　参考效果

↘ 2.6.2　实训二：拍摄洗面奶商品图片

【实训目标】

本实训要求拍摄一组洗面奶商品图片，要求整体和单只商口都需要拍摄。

【实训思路】

根据实训目标，需要先将洗面奶放到固定位置，再根据需要进行整体和单只展示，并拍摄展示效果。

STEP 01 该洗面奶有5种不同的款式，将其分别放到木椅上拍摄整体效果。

STEP 02 拿出单只洗面奶放到木椅上，从不同角度进行拍摄，如图2-54所示。

图2-54　参考效果

第**3**章 处理商品图片

作为商家，如何留住客户是运营中的永久话题。图片是网店的灵魂，要想将网店做好，不但需要过硬的拍摄技术，还需要对图片进行后期处理，因为好的图片可以提高交易的成功率。Photoshop CC是一款专业的图像处理软件，本章将讲解使用Photoshop CC调整商品图片尺寸、修饰商品图片、调整商品图片的色彩与质感等的方法，使商品图片更加美观。

- 调整商品图片尺寸
- 修饰商品图片
- 调整商品图片的色彩与质感
- 商品图片的抠取与合成
- 文字与图形的输入与编辑

本章要点

3.1 调整商品图片尺寸

淘宝网中的不同模块对图片有不同的尺寸要求，拍摄好的商品图片或经过Photoshop处理后的图片可能因为太大而无法添加到对应模块中，或添加后无法在模块中正常展示。此时，需要对图片尺寸进行调整，让图片符合要求。下面先了解网店图片的常见尺寸，再学习调整图片尺寸的方法。

↘ 3.1.1 网店图片的常见尺寸

网店中不同模块对图片的尺寸要求有所不同。以淘宝网为例，淘宝店铺装修中需要用到店标、店招、图片轮播、全屏轮播等模块。这些模块一般对图片有一定的尺寸限制或者大小限制，清楚这些限制，是制作这些模块的前提。表3-1所示为淘宝网中常见的图片尺寸及图片格式的具体要求。

表 3-1　淘宝网中常见的图片尺寸及图片格式的具体要求

图片名称	尺寸要求	支持图片格式
店标	80px×80px	JPG、GIF、PNG
商品主图	800px×800px	JPG、GIF、PNG
直通车推广图	800px×800px	JPG、GIF、PNG
钻石展位图	640px×200px、520px×280px、160px×200px、375px×130px、520px×280px、640px×200px、800px×90px	JPG、GIF、PNG
商品分类图片	宽度不超过148px	JPG、GIF
公告栏图片	宽度不超过340px，高度建议不超过450px	JPG、GIF
店招图片	默认：950px（天猫为990px）×120px 全屏：1920px×150px	GIF、JPG、PNG
图片轮播	默认：950px×（450～650）px	GIF、JPG、PNG
全屏轮播图	建议：1920px×（400～600）px	GIF、JPG、PNG

经验之谈：

淘宝网的尺寸和京东商城的尺寸有所区别。其中，淘宝首页中的整体框架宽度为1920px，默认宽度为950px（天猫为990px），页面主体宽度应该尽量控制在950px以内（天猫为990px），最宽不超过1200px，详情页宽度为750px（天猫为790px）；而在京东商城中，首页整体框架宽度为1920px，店招框架高度为110px（导航默认为40px），宽度为990px，详情页宽度为790px或990px。网店美工在制作首页和详情页时，应注意区分。

3.1.2　调整商品图片的尺寸

　　打开一张商品图片后，其尺寸可能不符合淘宝网的图片尺寸要求，因此需要将该图片调整到适合的尺寸。除了可将图片裁剪为对应的尺寸外，还可直接对图片的尺寸进行调整。本例中将对"花瓶.jpg"图像文件进行裁剪，使其主体更加明确，具体操作如下。

STEP 01 启动Photoshop CC，在打开的窗口中按"Ctrl+O"组合键，打开"打开"对话框，在其中选择需要打开的图片，这里选择"花瓶"选项（配套资源:\素材文件\第3章\花瓶.jpg），单击 打开(O) 按钮，如图3-1所示。

STEP 02 选择【图像】/【图像大小】命令，如图3-2所示，打开"图像大小"对话框。

图3-1　选择要打开的图片

图3-2　选择"图像大小"命令

STEP 03 在"宽度"栏右侧的文本框中输入"800"，单击右侧的下拉按钮 ▼，在打开的下拉列表中选择"像素"选项，再在"分辨率"栏右侧的文本框中输入"72"，单击 确定 按钮，如图3-3所示。

STEP 04 返回图像编辑区，按"Ctrl+S"组合键，保存对图像的修改并查看完成后的效果，如图3-4所示（配套资源:\效果文件\第3章\花瓶.jpg）。

图3-3　设置图像大小

图3-4　查看完成后的效果

3.1.3　裁剪商品图片

　　在制作商品图片时，因为商品图片大小不一，不能很好地确认该尺寸是否符合需求，所以需要将该商品图片裁剪到某固定大小，以便于后期的操作。本例将对"茶杯.jpg"图像文件进行裁剪，其具体操作如下。

STEP 01 打开"茶杯.jpg"图像文件（配套资源:\素材文件\第3章\茶杯.jpg），如图3-5所示。

STEP 02 选择"裁剪工具" ，在工具栏中单击 比例 按钮，在打开的下拉列表中选择"宽×高×分辨率"选项，如图3-6所示。

扫一扫

裁剪商品图片

图3-5　原始效果

图3-6　选择"宽×高×分辨率"选项

STEP 03 此时在工具栏右侧将显示"宽""高""分辨率"的文本框，在其中分别输入"800厘米""800厘米"和"72像素/英寸"，此时图像编辑区中将显示裁剪框，如图3-7所示。

STEP 04 按住鼠标左键不放，向左拖动图片，调整图像在裁剪框中的位置，确定裁剪区域后按"Enter"键完成裁剪操作，并查看裁剪后的效果，如图3-8所示（配套资源:\效果文件\第3章\茶杯.jpg）。

图3-7　输入裁剪数据

图3-8　查看裁剪后的效果

技巧秒杀

　　　除了可设置裁剪参数进行裁剪外，还可直接选择"裁剪工具" ，在图像编辑区拖动裁剪框，裁剪出需要的部分。确认裁剪区域后，再按"Enter"键即可完成裁剪。该方法常用于商品图片的细节裁剪。

3.1.4　矫正倾斜图片

在拍摄商品过程中，为了拍摄方便，可能会将相机倾斜进行拍摄，这样拍摄出的图片可能会出现倾斜的问题。此时，可对倾斜的图片进行矫正。其方法为：选择"裁剪工具"，单击鼠标左键不放，在图片上拖动鼠标，拉出一个虚线的裁剪框；将鼠标放在定界框外侧，当指针变为形状时，按住鼠标左键不放，旋转图片，当旋转到适当位置后，释放鼠标并在矩形裁剪框内双击或按"Enter"键，即完成矫正倾斜的操作，如图3-9所示。

图3-9　矫正倾斜图片

3.2　修饰商品图片

通常，没有经过处理的图片可能会存在杂点、划痕、破损、瑕疵等，这样的图片不但不会激发客户的兴趣，还会令客户感到乏味。而前面讲解的裁剪只能让商品图片有一个基本的形状，若是商品图片存在一定的瑕疵，还需要对商品图片进行修饰，这样商品图片才会更吸引客户的眼球。下面讲解一些常用的修饰商品图片的方法。

↘ 3.2.1　处理商品图片中的污点

商品图片不单指简单的物品图片，模特的展示图也属于商品图片的一种。模特展现商品的效果越好，商品越容易被用户接受。但是，不是所有的模特都有一张迷人的俏脸，也会存在一定的瑕疵，此时需要进行后期的处理，让效果更加完美。本实战将打开"服装模特.jpg"商品图片，处理模特的脸部污点，让模特展现出的效果更加完美，其具体操作如下。

扫一扫

处理商品图片中的污点

STEP 01 打开"服装模特.jpg"图像文件（配套资源:\素材文件\第3章\服装模特.jpg），按"Ctrl+J"组合键复制图层，如图3-10所示。

STEP 02 选择复制的图层，按住"Alt"键并滚动鼠标中间的滚轮，放大人物的脸部，此时可发现人物额头处皮肤粗糙，并且有斑点。在工具箱中选择"污点修复画笔工具"，在工具属性栏中设置画笔大小为"20"，并将鼠标光标移动到额头处，如图3-11所示。

STEP 03 选择一个斑点，按住鼠标左键并向下拖动，即可对斑点进行处理。使用相同的方法，处理额头上的其他斑点并查看完成后的效果，如图3-12所示。

图3-10　打开素材并复制图层

图3-11　使用"污点修复画笔工具"

STEP 04 向下滚动鼠标滚轮，可发现脸下部皮肤更加粗糙，这里继续使用污点修复画笔工具，使其整个脸部显得光滑，如图3-13所示。

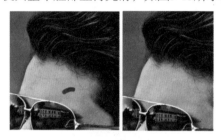

图3-12　处理额头处皮肤

图3-13　处理脸部皮肤

STEP 05 在工具箱中选择"修复画笔工具" <kbd>🖌</kbd>，在工具属性栏中设置画笔大小为"10"。在鼻子上比较平滑处，按住"Alt"键并单击鼠标，获取图像修复的源像素，然后按住鼠标左键在斑点和不平滑处拖动，修复斑点。注意这里要根据斑点的位置不断获取其周围的源像素，这样处理后的效果才会更好，如图3-14所示。

STEP 06 使用相同的方法，继续对人物的脸部做进一步修复，并查看完成后的整体效果，如图3-15所示。

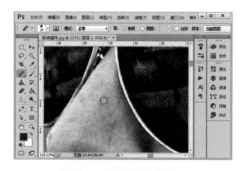

图3-14　处理鼻子上的斑点

图3-15　修复脸部后的效果

STEP 07 滚动鼠标中间的滚轮，将图像调整到人物的衣服处。在工具箱中选择"修补工具" <kbd>🔘</kbd>，在衣服的左侧绘制一个圆形区域，使其形成选区，完成后向右拖动选区修补白色污渍区，如图3-16所示。

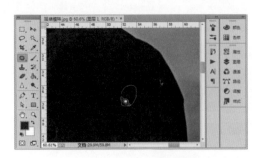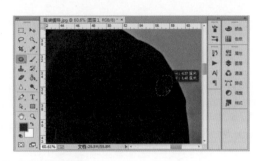

图3-16　使用"修补工具"修补污渍

STEP 08 使用相同的方法对衣服上的其他白色污渍进行修补，去除衣服上的白色污渍，如图3-17所示。

STEP 09 在工具箱中选择"锐化工具"▲，在工具属性栏中设置画笔大小为"300"，强度为"50%"，对人物的衣服进行涂抹，加深轮廓，从而体现其质感，如图3-18所示。

图3-17　处理衣服上的污渍　　　　　　　　图3-18　加深衣服轮廓

STEP 10 按"Ctrl+M"组合键，打开"曲线"对话框，设置"输出"和"输入"分别为"170"和"110"，单击 确定 按钮，如图3-19所示。

STEP 11 返回图像编辑区，可发现人物更加帅气，按"Ctrl+S"组合键保存图像，并查看完成后的效果，如图3-20所示（配套资源:\效果文件\第3章\服装模特.psd）。

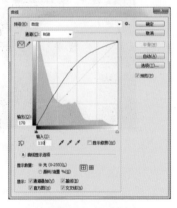

图3-19　调整曲线　　　　　　　　图3-20　查看完成后的效果

↘ 3.2.2 修复商品图片中的瑕疵

在修饰图片过程中，使用污点修复画笔工具只能进行一些简单的修饰处理。当修饰的问题过多且较复杂时，可使用图章工具快速完成修复。利用仿制图章工具可以将图像窗口中的局部图像或全部图像复制到其他图像中。下面将打开"餐盘.jpg"图像文件，使用仿制图章工具对布上的棉花进行去除，其具体操作如下。

修复商品图片中的瑕疵

STEP 01 打开"餐盘.jpg"图像文件（配套资源:\素材文件\第3章\餐盘.jpg），按"Ctrl+J"组合键复制图层，如图3-21所示。

STEP 02 在工具箱中选择"仿制图章工具" 🖈，在工具属性栏中设置画笔大小为"30"，再设置不透明度为"80%"，按住"Alt"键并在图像的左下角单击鼠标取样，如图3-22所示。

图3-21 打开素材并复制图层

图3-22 获取修复源

STEP 03 在左下角的棉花处进行涂抹，将棉花图像覆盖。若颜色有变化，可在不同区域进行取样后再进行覆盖，如图3-23所示。

STEP 04 使用相同的方法，对其他棉花和右侧的冰块进行处理，使其与周围的背景相融合，完成后保存图像并查看完成后的效果，如图3-24所示（配套资源:\效果文件\第3章\餐盘.psd）。

图3-23 修复图像

图3-24 查看完成后的效果

↘ 3.2.3 虚化商品背景

拍摄的商品图片可能会出现主体不够突出、背景喧宾夺主的现象，此时可对背景进行模糊处理后再对主体进行调整，这样可使展现的效果更加完整。下面将打开"街拍模特.jpg"图像文件，使用模糊工具模糊全部场景，再使用历史画笔工具突出主体，最后使用减淡工具使人物更加美观，其具体操作如下。

STEP 01 打开"街拍模特.jpg"图像文件（配套资源:\素材文件\第3章\街拍模特.jpg），按"Ctrl+J"组合键复制图层，如图3-25所示。

STEP 02 在工具箱中选择"模糊工具" 🖌️，在工具属性栏中设置画笔大小为"60"，再设置强度为"80%"，在背景部分进行涂抹，模糊背景，如图3-26所示。

图3-25　打开素材并复制图层

图3-26　模糊背景图像

STEP 03 在工具箱中选择"椭圆选框工具" ⭕，在图像编辑区的人物部分绘制一个椭圆选区，使其包裹住人物，如图3-27所示。

STEP 04 选择【滤镜】/【锐化】/【USM锐化】命令，如图3-28所示，打开"USM锐化"对话框。

图3-27　使用"椭圆选框工具"框选人物

图3-28　选择"USM锐化"命令

STEP 05 在其中设置"数量"和"半径"分别为"45%"和"2.0像素"，单击 确定 按钮，如图3-29所示。

STEP 06 返回图像编辑区，按"Ctrl+D"组合键取消选区，在工具箱中选择"减淡工具" 🔍，在工具属性栏中设置画笔大小为"100"，再设置曝光度为"50%"，沿着整张图片进行涂抹，使其更加美观，如图3-30所示。

STEP 07 完成后按"Ctrl+S"组合键保存图片并查看调整后的效果，如图3-31所示（配套资源:\效果文件\第3章\街拍模特.psd）。

 技巧秒杀

在处理图片过程中，若是处理色彩艳丽的图片，还可使用"加深工具"加深色彩暗部效果，或使用"海绵工具"让色彩变得艳丽，这样都可使画面效果更加美观。

图3-29 设置锐化数据　　　　　图3-30 减淡图像颜色　　　　　图3-31 查看完成后的效果

3.3 调整商品图片的色彩与质感

修饰商品图片能使商品图片更美观，更具有辨识度。但在商品图片的拍摄过程中，经常由于天气、灯光、拍摄角度、背景等原因，导致拍摄出的照片昏暗、亮度不够，或者色彩不够亮丽、画面模糊。此时需要调整商品图片的色彩与质感，使商品图片更加清晰亮丽、鲜艳夺目。下面将对有不同缺陷的商品图片进行调整，使其更加美观。

3.3.1 处理偏暗的图片

商品图片偏暗大多是因为拍摄的环境不够明亮。针对这一问题，在处理时可直接使用"色阶"命令调整图像的明暗程度，使其更美观，但调整时要注意不要太过偏离商品的原始色彩，否则客户收到商品后，会认为色差太大而给予差评，影响店铺信誉。本例将打开"咖啡杯.jpg"图像文件，使用"色阶"命令，调整咖啡杯的明暗度，使其更加美观，具体操作如下。

STEP 01 打开"咖啡杯.jpg"文件（配套资源:\素材文件\第3章\咖啡杯.jpg），如图3-32所示。

STEP 02 选择【图像】/【调整】/【色阶】命令，打开"色阶"对话框，在"暗调""中间调""高光"对应的数值框中分别输入参数"10""1""220"，单击 确定 按钮，如

图3-33所示。

图3-32 打开素材文件　　　　　　　　图3-33 设置色阶参数

STEP 03 选择【图像】/【调整】/【亮度/对比度】命令，打开"亮度/对比度"对话框，在"亮度""对比度"右侧的数值框中分别输入"30""20"，单击 确定 按钮，如图3-34所示。

STEP 04 返回图像编辑区，即可发现咖啡杯的明暗度有了明显的变化，保存图像并查看完成后的效果，如图3-35所示（配套资源:\效果文件\第3章\咖啡杯.jpg）。

图3-34 设置亮度/对比度　　　　　　　图3-35 查看完成后的效果

3.3.2 处理偏亮的图片

拍照时曝光时间过长可能导致照片过亮，此时需要先降低图片亮度再进行图像的调整。本例将打开"糕点.jpg"图像文件，先降低图像的曝光度，再调整色彩的展现效果，其具体操作如下。

STEP 01 打开"糕点.jpg"图像文件（配套资源:\素材文件\第3章\糕点.jpg），按"Ctrl+J"组合键复制图层，如图3-36所示。

STEP 02 选择【图像】/【调整】/【曝光度】命令，打开"曝光度"对话框，在"曝光度""位移"右侧的数值框中分别输入参数"-0.26""-0.045"，单击 确定 按钮，如图3-37所示。

STEP 03 选择【图像】/【调整】/【亮度/对比度】命令，打开"亮度/对比度"对话框，在"亮度""对比度"右侧的数值框中分别输入"30""5"，单击 确定 按钮，如图3-38所示。

STEP 04 选择【图像】/【调整】/【色阶】命令，打开"色阶"对话框，在"暗调""中间调""高光"对应的数值框中分别输入参数"44""0.90""255"，单击 确定 按钮，如图3-39所示。

图3-36 打开素材文件并复制图层

图3-37 降低曝光度

图3-38 设置亮度/对比度

图3-39 调整色阶

STEP 05 选择【图像】/【调整】/【曲线】命令，打开"曲线"对话框，在"通道"下拉列表中选择"蓝"选项，将鼠标指针移动到曲线编辑框中的斜线上，单击鼠标，创建一个控制点并拖动进行调整，如图3-40所示。

STEP 06 在"通道"下拉列表中选择"RGB"选项。将鼠标指针移动到曲线编辑框中的斜线上，单击鼠标，创建一个控制点并向上拖动，完成后单击 确定 按钮即可，如图3-41所示。

STEP 07 返回图像编辑区，即可发现图像颜色更加饱和，不再偏亮，保存图像并查看完成后的效果，如图3-42所示（配套资源:\效果文件\第3章\糕点.psd）。

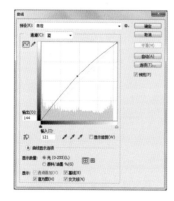

图3-40 调整蓝色通道

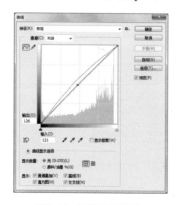

图3-41 调整RGB颜色

图3-42 查看完成后的效果

3.3.3 处理偏色的图片

在图片拍摄过程中，由于不同时间段的日照强度不同，所拍摄的照片可能存在偏色的现象，此时需要将该照片处理为正常的日照效果。本例将打开"狂欢美女.jpg"图像文件，将偏黄的图像调整正常，其具体操作如下。

STEP 01 打开"狂欢美女.jpg"图像文件（配套资源:\素材文件\第3章\狂欢美女.jpg），按"Ctrl+J"组合键复制图层，如图3-43所示。

STEP 02 选择【图像】/【调整】/【色阶】命令，打开"色阶"对话框，在"通道"下拉列表中选择"蓝"选项，在"暗调""中间调""高光"对应的数值框中分别输入参数"20""1.32""227"，单击 确定 按钮，如图3-44所示。

图3-43　打开素材文件并复制图层　　　　　　图3-44　调整蓝色通道

STEP 03 选择【图像】/【调整】/【色彩平衡】命令，在"色调平衡"栏中单击选中"阴影"单选项，再在"色彩平衡"栏中"色阶"后的数值框中分别输入"-20""-25""-11"，单击 确定 按钮，如图3-45所示。

STEP 04 选择【图像】/【调整】/【曲线】命令，打开"曲线"对话框，在"通道"下拉列表中选择"红"选项，将鼠标指针移动到曲线编辑框中的斜线上，单击鼠标创建一个控制点并向下拖动调整，如图3-46所示。

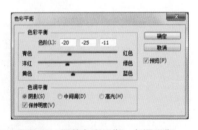

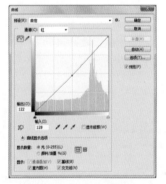

图3-45　调整色彩平衡、色调平衡　　　　　图3-46　调整红色通道

STEP 05 在"通道"下拉列表中选择"RGB"选项。将鼠标指针移动到曲线编辑框中的斜线上，

单击鼠标创建一个控制点并向上拖动调整，完成后单击 确定 按钮即可，如图3-47所示。

STEP 06 返回图像编辑区，即可发现图像的颜色已经正常，不再偏黄，保存图像并查看完成后的效果，如图3-48所示（配套资源:\效果文件\第3章\狂欢美女.psd）。

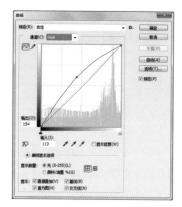

图3-47　调整RGB曲线　　　　　　图3-48　查看完成后的效果

3.4　商品图片的抠取与合成

　　一张好的商品图片不但要主体美观，还需要有一个好的背景进行衬托。好的背景不仅可以增强商品图片的观赏性，还能为商品的展示营造良好的氛围，突出商品的质感和美感。在Photoshop中，可以通过抠取商品图片为其更换背景的方法来使商品图片更加美观，也可将多张商品图片合成为一个整体，让展示的效果更加具有多样性。

↘ 3.4.1　抠取单色背景的商品图片

　　单色背景图片在商品图片中最好抠取。在抠取商品图片时，只需使用"魔棒工具"单击单色背景即可快速进行抠取。本例将打开"茶壶.jpg"图像文件，将其中的茶壶抠取出来，并应用到茶壶背景中，其具体操作如下。

STEP 01 打开"茶壶.jpg"图像文件（配套资源:\素材文件\第3章\茶壶.jpg），按"Ctrl+J"组合键复制图层，如图3-49所示。

扫一扫

抠取单色背景的商品图片

STEP 02 在工具箱中选择"魔棒工具" ，在其工具属性栏中单击 按钮，设置容差为"50"，再在白色空白区域单击鼠标，创建选区，如图3-50所示。

技巧秒杀

　　若一次不能完全对物体创建选区，需要多次单击没有创建选区的区域。在使用"魔棒工具"抠图时，不单需要抠取图像外部，还需要抠取细节。

图3-49　打开素材文件并复制图层　　　　　　　图3-50　创建选区

STEP 03 使用相同的方法抠取细节部分，完成后按"Ctrl+Shift+I"组合键反选选区，如图3-51所示。

STEP 04 打开"茶壶背景.psd"图像文件（配套资源:\素材文件\第3章\茶壶背景.psd），将抠取的商品图片拖动到背景中，调整位置，保存图像并查看完成后的效果，如图3-52所示（配套资源:\效果文件\第3章\茶壶.psd）。

图3-51　反选选区　　　　　　　　　图3-52　查看完成后的效果

经验之谈:

在日常生活中，除了使用"魔棒工具" 进行简单抠取外，还可使用"快速选择工具"进行抠图。"快速选择工具" 属于抠图工具中比较容易掌握的一种工具。该工具同"魔棒工具"一样，简单易用，但二者也有明显的区别。"快速选择工具"常被用于色差相对较大的图片，但比"魔棒工具"对颜色的要求稍低。

↘ 3.4.2　抠取精细的商品图片

当遇到商品的轮廓比较复杂，背景也比较复杂，或背景与商品的分界不明显时，上述抠图方法都很难做到精确的抠图，此时可使用路径来进行抠图。下面将打开"儿童衣服.jpg"商品图片，使用钢笔工具抠图，并将背景替换为主图背景，其具体操作如下。

扫一扫

抠取精细的商品图片

STEP 01 打开"儿童衣服.jpg"图像文件（配套资源:\素材文件\第3章\儿

童衣服.jpg），按"Ctrl+J"组合键复制图层，如图3-53所示。

STEP 02 选择"钢笔工具" ，在工具属性栏中设置工具模式为"路径"，按住"Alt"键并向上滚动鼠标滚轮，放大图片到合适大小，在衣服的左端单击鼠标确定路径起点，如图3-54所示。

图3-53　打开素材文件并复制图层

图3-54　确定路径起点

STEP 03 沿着衣服的边缘再次单击鼠标，确定另一个锚点，并按住鼠标左键不放，创建平滑点，如图3-55所示。

STEP 04 继续按住鼠标左键不放并拖动鼠标，创建第2个平滑点，如图3-56所示。

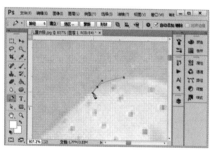

图3-55　创建平滑点

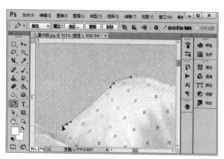

图3-56　创建第二个平滑点

STEP 05 使用相同的方法，绘制衣服的路径。当路径不够圆润时，可在工具箱中选择"添加锚点工具" 和"删除锚点工具" 对锚点进行调整，使其与衣服边缘贴合，如图3-57所示。

STEP 06 在其上单击鼠标右键，在弹出的快捷菜单中选择"建立选区"命令，如图3-58所示。

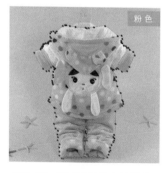

图3-57　完成其他锚点的创建

图3-58　选择"建立选区"命令

STEP 07 打开"建立选区"对话框，设置羽化半径为"2像素"，单击 确定 按钮，如图3-59所示。

STEP 08 打开"儿童衣服背景.psd"图像文件（配套资源:\素材文件\第3章\儿童衣服背景.psd），将抠取的商品图片拖动到背景中，调整位置，按"Ctrl+J"组合键复制图层，并设置图层混合模式为"柔光"，保存图像并查看完成后的效果，如图3-60所示（配套资源:\效果文件\第3章\儿童衣服.psd）。

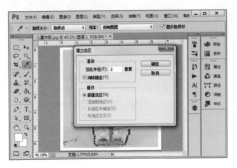

图3-59 设置羽化值

图3-60 查看完成后的效果

↘ 3.4.3 抠取半透明的商品图片

一些特殊的商品，如酒杯、婚纱、冰块、矿泉水等，使用一般的抠图工具得不到想要的透明效果，此时需结合钢笔工具、图层蒙版和通道等进行抠图。下面以抠取婚纱为例讲解半透明商品图片的抠图方法，读者可借鉴该方法进行其他半透明商品的抠图。其具体操作如下。

STEP 01 打开"婚纱.jpg"图像文件（配套资源:\素材文件\第3章\婚纱.jpg），按"Ctrl+J"组合键复制背景图层，得到"图层1"，如图3-61所示。

STEP 02 在工具箱中选择"钢笔工具" ，沿着人物轮廓绘制路径，注意绘制的路径不应包括半透明的婚纱部分，打开"路径"面板，将路径保存为"路径1"，如图3-62所示。

图3-61 打开素材文件并复制图层

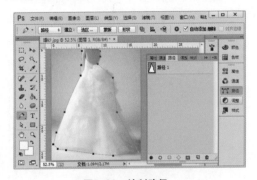

图3-62 绘制路径

STEP 03 按"Ctrl+Enter"组合键将绘制的路径转换为选区；单击"通道"面板中的 按

钮，创建"Alpha1"通道，如图3-63所示。

STEP 04 复制"蓝"通道，得到"蓝 拷贝"通道，继续选择"钢笔工具" ，为背景创建
选区，将其填充为黑色，然后取消选区，如图3-64所示。

图3-63 创建通道

图3-64 复制通道并填充颜色

技巧秒杀

注意复制蓝色通道并进行抠图主要是为了抠取透明的部分，若是所选择的婚纱背景比较复杂，
则需要使用钢笔工具慢慢抠取；若是属于纯色背景，可直接使用"魔棒工具"快速选择背景。

STEP 05 选择【图像】/【计算】命令，打开"计算"对话框，设置源2通道为"Alpha1"，
设置混合模式为"相加"，单击 确定 按钮，如图3-65所示。

STEP 06 查看计算通道的效果，在"通道"面板底部单击 按钮，载入通道的人物选区，
如图3-66所示。

图3-65 设置计算参数

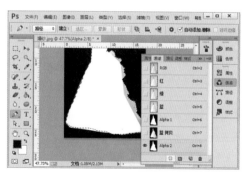

图3-66 载入通道人物选区

STEP 07 切换到"图层"面板中，选择图层1，按"Ctrl+J"组合键复制选区到图层2上，隐藏
其他图层，查看抠取的人物效果，如图3-67所示。

STEP 08 打开"婚纱背景.psd"图像文件（配套资源\素材文件\第3章\婚纱背景.psd），将人
物拖放到图像中，调整大小与位置，保存文件，查看完成后的效果，如图3-68所示（配套资

源:\效果文件\第3章\婚纱.psd）。

图3-67　查看人物抠取效果　　　　　　　　图3-68　查看完成后的效果

 技巧秒杀

　　若是将抠取的人物拖动到背景中后，发现有轮廓线使画面显示得不够美观，此时可直接使用"橡皮擦工具" ，并设置画笔样式为"柔边圆"，在轮廓处进行简单擦除，使其能更好地过渡与融合。

↘ 3.4.4　合成完整商品图片效果

合成完整商品图片效果

　　在展现商品效果时，单张商品图片只能进行简单的商品展示。若需要震撼的效果，还需要将多个素材进行组合与叠加，使其形成一个完整的画面。下面使用各种素材合成一张端午节女包海报，讲解图层和蒙版的各种操作方法，其具体操作如下。

STEP 01 选择【文件】/【新建】命令，打开"新建"对话框，在"名称"文本框中输入"端午女包海报"，在"宽度"和"高度"右侧的文本框中分别输入"1920"和"900"，并设置"单位"为"像素"，"分辨率"为"72像素/英寸"，单击 确定 按钮，如图3-69所示。

STEP 02 打开"背景.jpg"图像文件（配套资源:\素材文件\第3章\背景.jpg），将其拖动到图像编辑区，调整图像的大小和位置，如图3-70所示。

图3-69　新建文件　　　　　　　　　　图3-70　添加背景

STEP 03 打开"船.psd"图像文件（配套资源:\素材文件\第3章\船.psd），将其拖动到图像编辑区，调整图像的大小和位置，使其居中显示，如图3-71所示。

STEP 04 打开"烟雾.psd"图像文件（配套资源:\素材文件\第3章\烟雾.psd），在其中选择一种烟雾样式并将其拖动到图像编辑区，调整图像的大小和位置，如图3-72所示。

图3-71 添加"船"素材

图3-72 添加"烟雾"素材

STEP 05 打开"图层"面板，在其中选择添加的烟雾图层，并在下方单击 ▣ 按钮，添加图层蒙版。

STEP 06 设置前景色为"#000000"，在工具箱中选择"画笔工具" ✏，再在工具属性栏中设置画笔为"柔边圆"，大小为"400"，如图3-73所示，在图像编辑区的右侧进行涂抹，虚化右侧的烟雾，使其过渡得更加自然。

STEP 07 继续选择另一种烟雾样式，并将其拖动到图像编辑区的右侧，调整图像的大小和位置后，使用相同的方法虚化烟雾效果，并设置不透明度为"90%"，如图3-74所示。

图3-73 设置图层蒙版

图3-74 添加其他样式的烟雾

STEP 08 打开"女包.psd"图像文件（配套资源:\素材文件\第3章\女包.psd）；将其拖动到图像编辑区，并将图层拖动到船所在图层的下方，使其分层次显示；选择一种烟雾样式，放于女包的左侧，使展现的效果更加美观，如图3-75所示。

STEP 09 在"图层"面板中，按住"Ctrl"键不放，依次选择所有添加的烟雾图层，单击 🔗 按钮，创建链接，如图3-76所示。

图3-75　添加"女包"素材

图3-76　对"烟雾"创建链接

技巧秒杀

　　在对多个图像进行组合时，为了避免拖动素材时将其他素材一起拖动，可将同类型的图层链接在一起，避免误操作；也可在"图层"面板中单击🔒按钮，将图层锁定，这样被锁定的图层将无法移动，可更方便地进行其他操作。

STEP 10 打开"小物件.psd"图像文件（配套资源:\素材文件\第3章\小物件.psd）；将小素材依次拖动到图像中，调整图像位置和大小，保存图像并查看完成后的效果，如图3-77所示（配套资源:\效果文件\第3章\端午节女包海报.psd）。

图3-77　查看完成后的效果

3.5　文字与图形的输入与编辑

　　淘宝中的商品图片不单包含图像，还包含描述文字。为商品图片添加文字和图形，可以使图片内容更加丰富，且能更加明确地表达出所要表达的意思。合理搭配文字和图形能够有效地突出商品的卖点，给客户专业、美观的感觉，进而提高店铺流量的转化率。下面讲解文字与图形的输入与编辑方法。

扫一扫

为商品添加说明性文字

3.5.1　为商品图片添加说明性文字

　　文字作为商品图片的重点，不但能传递商品信息，还能起到促进消费的作用。在Photoshop CC中，可使用文字工具直接在图像中添加文本。本例将为"樱桃.psd"图像文件输入说明性文字，让其更加直观，其具体操作如下。

STEP 01 打开"樱桃.psd"图像文件（配套资源:\素材文件\第3章\樱桃.psd），如图3-78所示。

STEP 02 在工具箱中选择"横排文字工具" ，在工具属性栏中设置字体为"Broadway"，字号为"50点"，字形为"浑厚"，颜色为"#e60012"，在图像编辑区的左侧输入"fresh"，如图3-79所示。

图3-78　打开素材文件

图3-79　输入"fresh"文字

STEP 03 再次选择"横排文字工具" ，选择【窗口】/【字符】命令，打开"字符"面板，设置字体为"Broadway"，字号为"30点"，行距为"23.67点"，字距为"-27"，颜色为"#e60012"，在"fresh"的下方输入"super"，如图3-80所示。

STEP 04 使用相同的方法输入"汶川大樱桃 来了 全程顺丰冷链（航空/陆运）"，设置字体为"方正兰亭特黑简体"，再在"来了"文字的右侧按"Enter"键分段，设置上方文字的字号为"35点"，下方文字的字号为"23点"。选择整段文字，选择【窗口】/【段落】命令，打开"段落"面板，设置左缩进为"2点"，设置段前添加空格为"5点"，如图3-81所示。

图3-80　输入"super"文字

图3-81　输入其他文字并设置段落样式

STEP 05 选择【图层】/【图层样式】/【投影】命令，打开"图层样式"对话框，设置不透明度为"40%"，其他保持默认设置，单击 确定 按钮，如图3-82所示。

STEP 06 此时可发现对应的文本已经添加了阴影，使用相同的方法输入"'和'"，分别调整其大小，使其与文字对齐，如图3-83所示。

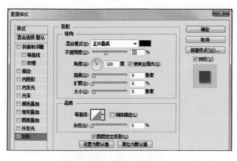

图3-82　设置不透明度　　　　　　　　　　　　图3-83　输入引号

STEP 07 使用相同的方法，在下方输入图3-84所示文字，并设置字体为"微软雅黑"，字号分别为"13点"和"11点"，颜色分别为"黑色"和"白色"，如图3-84所示。

STEP 08 选择"矩形工具" ，设置矩形的大小为"250像素×30像素"，在白色文字下方绘制矩形，如图3-85所示。

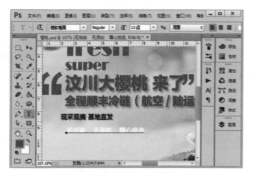

图3-84　输入其他文字　　　　　　　　　　　　图3-85　绘制矩形

STEP 09 选择"椭圆工具" ，在工具属性栏中设置填充颜色为"#2e7a11"，在白色文字"无污染"的左侧绘制直径为"8像素"的圆，如图3-86所示。

STEP 10 使用相同的方法，在其他白色文字的左侧绘制相同大小的圆，完成后保存图像，查看完成后的效果，如图3-87所示（配套资源\效果文件\第3章\樱桃.psd）。

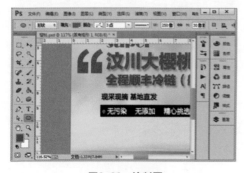

图3-86　绘制圆　　　　　　　　　　　　　图3-87　查看完成后的效果

↘ 3.5.2 为商品图片添加文字水印

网店运营过程中，往往会出现图片被盗的情况。为了避免这种情况的发生，可对详情页的图片添加文字水印，让客户在浏览商品详情页的过程中，对店铺有简单的认识，并且避免盗图的发生。下面将对"手工皂.jpg"素材图片添加文字水印，其具体操作如下。

STEP 01 选择【文件】/【新建】命令，打开"新建"对话框，在"名称"文本框中输入"水印"，在"宽度"和"高度"右侧的文本框中分别输入"600"，并设置"单位"为"像素"，"分辨率"为"72像素/英寸"，"背景内容"为"透明"。单击 确定 按钮，如图3-88所示。

STEP 02 在工具箱中选择"横排文字工具" T，在工具属性栏中设置字体为"Gill Sans MT"，字号为"76点"，字形为"浑厚"，在图像编辑区的中间位置处输入"HANDMADE SOAP"，如图3-89所示。

图3-88 新建文件

图3-89 输入文字

STEP 03 按"Ctrl+T"组合键，在文字的周围按住鼠标左键不放，将文字向左旋转，之后按"Enter"键即可完成变形操作，如图3-90所示。

STEP 04 打开"图层"面板，在下方单击 fx 按钮，在打开的下拉列表中选择"描边"选项，如图3-91所示。

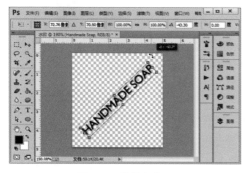

图3-90 旋转文字

图3-91 选择"描边"选项

STEP 05 打开"图层样式"对话框，设置"大小"为"2像素"，"颜色"为"#d0cfcb"，单击 确定 按钮，如图3-92所示。

STEP 06 返回图像编辑区，在"图层"面板中，设置"填充"为"0%"，"不透明度"为"50%"。

STEP 07 选择【编辑】/【定义图案】命令，打开"图案名称"对话框，在"名称"文本框中输入图案名称，并单击 确定 按钮，如图3-93所示。

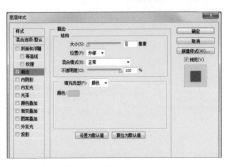

图3-92　设置描边参数

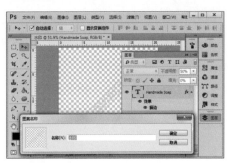

图3-93　输入图案名称

STEP 08 打开"手工皂.jpg"图像文件（配套资源:\素材文件\第3章\手工皂.jpg），选择【编辑】/【填充】命令，打开"填充"对话框，在"使用"栏中选择"图案"选项，在"自定图案"栏中选择要添加的图案，单击 确定 按钮，如图3-94所示。

STEP 09 返回图像编辑区后可发现水印已成功添加，保存图像并查看完成后的效果，如图3-95所示（配套资源:\效果文件\第3章\手工皂.jpg）。

图3-94　选择图案

图3-95　查看完成后的效果

↘ 3.5.3　为商品图片添加图形

除了文字外，图形也是图片处理过程中必不可少的元素。它不仅可以丰富图片的内容，还能对图片中的重点部分进行修饰。本例将在已经输入文字的化妆品海报中添加不同的图形，使其展现的效果更加完美，其具体操作如下。

STEP 01 打开"化妆品.psd"图像文件（配套资源:\素材文件\第3章\化妆

扫一扫

为商品图片添加形状

品.psd），如图3-96所示。

STEP 02 在工具箱中选择"椭圆工具" ⬭，在工具属性栏中设置填充颜色为"#80c2c4"，在文字的下方按住"Shift"键不放，绘制直径为"15像素"的正圆，如图3-97所示。

图3-96　打开素材文件

图3-97　绘制圆

STEP 03 在工具箱中选择"直线工具" ╱，在工具属性栏中设置填充颜色为"#80c2c4"，在圆的右侧绘制一条宽为"240像素"、高为"5像素"的直线，如图3-98所示。

STEP 04 选择"矩形工具" ▭，在直线的下方绘制大小为"250像素×210像素"，颜色为"#80c2c4"的矩形，如图3-99所示。

图3-98　绘制直线

图3-99　绘制矩形

STEP 05 再次选择"矩形工具" ▭，在工具属性栏中设置描边颜色为"#80c2c4"，在矩形的外侧绘制大小为"280像素×235像素"的矩形，并设置描边粗细为"3点"，如图3-100所示。

STEP 06 在工具箱中选择"横排文字工具" T，在工具属性栏中设置字体为"Adobe 黑体 Std"，字号为"32点"，字形为"浑厚"，在矩形中输入如图3-101所示的文字，并设置文字颜色为"#ffffff"。

STEP 07 选择"自定形状工具" ⬠，在工具属性栏中单击"形状"栏右侧的按钮，在打开的下拉列表中选择"选中复选框"选项，再在文本左侧绘制3个与文字对齐的复选框，并查看绘制后的效果，如图3-102所示。

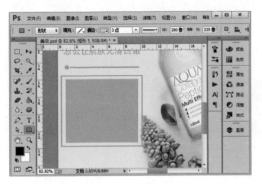

图3-100　绘制矩形　　　　　　　　　　　图3-101　输入文字

STEP 08 设置前景色为"#80c2c4"，选择"钢笔工具" ，在右侧绘制如图3-103所示的图形，按"Ctrl+Enter"组合键，创建选区，新建图层，按"Alt+Delete"组合键，填充前景色。

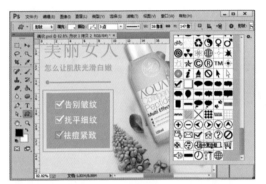

图3-102　绘制选中复选框　　　　　　　　图3-103　绘制形状

STEP 09 在工具箱中选择"横排文字工具" ，在工具属性栏中设置字体为"Adobe 黑体Std"，字号为"40点"，在绘制的图形中输入"夏季补水"，如图3-104所示。

STEP 10 保存图像并查看完成后的效果，如图3-105所示（配套资源:\效果文件\第3章\化妆品.psd）。

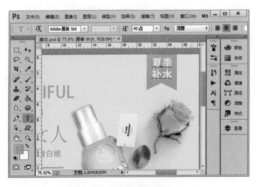

图3-104　在图形中输入文字　　　　　　　图3-105　输入文字并查看完成后的效果

3.6 知识拓展

1. 怎么判断商品图片是否需要调色？

商品图片要求真实，当拍摄的商品图片与实物存在差异时，即表示该商品图片需要调色。一张好的商品图片要求清晰、真实。但不是还原度越高越好，还需要根据表现的内容进行割舍，体现主体，虚化背景。在调整颜色时，需要在真实的前提下进行色彩调整，使商品图片更加令人赏心悦目，从而增加客户对商品的喜爱，留下深刻印象，进而促成交易。

2. 怎么保证处理商品图片后图片不失真？

若是处理图片后导致商品图片失真，可通过调整图片细节来解决。在调整过程中要注意把控细节，虽然说调整后的图片肯定会与实物图片有所差别，但是这种差别应该控制在一定范围内。从细节入手循序渐进地处理图片，可更好地对图片处理进行控制，从而使商品图片不失真。若是因为商品图片的像素过低，图片被放大后失真，可通过调整图片分辨率来解决。分辨率越高，图像越清晰。

3. 怎样让图片表达的信息更加完整？

可以在处理图片时添加一些文字，通过优美的文字引起人们感情的共鸣。例如，可在图片上写一些商品宣传语、商品价格、广告语之类的文字，这样能更吸引客户眼球。精彩的文字不仅是对商品的绝佳阐述，还能为商品加分。图3-106所示为单一图片和添加文字后的图片对比效果。

图3-106　添加文字与不添加文字的图片对比效果

4. 处理商品图片时需要注意的问题有哪些？

在处理商品图片时，不能盲目进行处理，还需要注意一些基础问题。下面分别进行介绍。

- **图片的真实度**：对于商品展示性的图片，真实性是需首先考虑的。过度的美化往往会造成商品图片的失真，从而让客户产生质疑。因此，在美化时需要把握一个度，不要让图片失真。当然，也不是所有图片都一定不要过度美化，如果是婚纱摄影类的图片，那么需要在真实的基础上添加梦幻效果，让主题体现得更加完整。

- **图片色彩的搭配**：图片色彩的搭配一定要符合店铺的整体风格，这样才不会显得页面太突兀，才能体现店铺的"和谐美"。

- **创意是否符合主题**：不管是文字还是图像，想要做得好就离不开创意。一张好的商品图片不单要漂亮，还需要与主题相符。不要只是将效果图做得天马行空，脱离现实的需求，还需要在其中体现主题，让人看到后能被吸引住。

● 商品工艺是否被体现：在商品图的制作过程中，除了需要处理效果图片外，还需要对商品工艺的图片进行处理，以充分体现商品的优势。

3.7 课堂实训

↘ 3.7.1 实训一：抠取人物并制作洗发水效果图

【实训目标】

本实训以抠取人物头像为例，讲解利用"魔棒工具"抠出人物，并将其应用到其他背景中的方法。其具体操作如下。

【实训思路】

根据实训目标，需要先将人物头像抠取出来，再应用到背景中，并进行不透明度的处理。

STEP 01 打开"美女.jpg"图像文件（配套资源:\素材文件\第3章\美女.jpg），如图3-107所示；按"Ctrl+J"组合键，复制图层。在工具箱中选择"魔棒工具" ，在其工具属性栏中单击 按钮，设置容差为"50"，再在背景区域单击鼠标，创建选区。

STEP 02 完成后按"Ctrl+Shift+I"组合键反选选区。

STEP 03 打开"洗发水背景.psd"图像文件（配套资源:\素材文件\第3章\洗发水背景.psd），将人物拖放到"洗发水背景.psd"图像中，调整大小与位置，并设置不透明度为"80%"，保存文件，查看完成后的效果，如图3-108所示（配套资源:\效果文件\第3章\洗发水.psd）。

图3-107 原始效果　　　　　　　图3-108 处理后的效果

↘ 3.7.2 实训二：处理商品图片颜色

【实训目标】

本实训要求对"羽毛球拍.jpg"图像文件使用"亮度/对比度"命令，调整其亮度和对比度，使其更加美观。

【实训思路】

STEP 01 打开"羽毛球拍.jpg"图像文件（配套资源:\素材文件\第3章\羽毛球拍.jpg），如图
3-109所示。

STEP 02 选择【图像】/【调整】/【亮度/对比度】命令，打开"亮度/对比度"对话框。拖
动"亮度"或"对比度"栏中的滑块，调整亮度和对比度，这里设置亮度和对比度分别为
"70"和"60"，完成后单击 确定 按钮。

STEP 03 返回图像编辑区，即可发现羽毛球球拍已经变亮，保存图像并查看完成后的效果，
如图3-110所示（配套资源:\效果文件\第3章\羽毛球拍.jpg）。

图3-109　原始效果　　　　　　　　图3-110　处理后的效果

↘ 3.7.3　实训三：去除美食图片中的污渍

【实训目标】

本实训将打开"美食.jpg"图像文件，使用"仿制图章工具"对餐盘和美食中的黑色小点进行
涂抹，去除其中的斑点，使其展现得更加完美。

【实训思路】

STEP 01 打开"美食.jpg"图像文件（配套资源:\素材文件\第3章\美食.jpg），如图3-111所
示，按"Ctrl+J"组合键复制图层。

STEP 02 在工具箱中选择"仿制图章工具" 🔲，在工具属性栏中设置画笔大小为"30"，再设
置不透明度为"80%"，在图像中的白色瓷盘区域，按住"Alt"键并单击鼠标进行取样。然后
在污渍处进行涂抹，将污渍盖住。

STEP 03 使用相同的方法，对鸡蛋和蔬菜上的黑色斑点进行处理，完成后保存图像并查看完成
后的效果，如图3-112所示（配套资源:\效果文件\第3章\美食.psd）。

图3-111　原始效果　　　　　　　　图3-112　处理后的效果

第 **4** 章 制作视觉图

　　打开淘宝首页，你会发现右侧有很多大大小小的板块。在这些板块中分别显示了不同店铺的推广图，客户通过点击这些推广图可直接进入该商品的详情页进行购买，利用推广图可提高商品的流量和转化率。常见的转化流量的视觉图有主图、直通车推广图和智钻图，本章将分别对其制作方法进行介绍。

- 制作高点击率主图
- 制作具有创意的直通车推广图
- 制作具有吸引力的智钻图

本章要点

4.1 制作高点击率主图

主图是客户接触店铺商品的首要信息。作为传递信息的核心，主图首先需要具有吸引力，使客户能够浏览下去，所以主图效果的好坏在很大程度上影响着点击率的高低。下面讲解制作主图的方法，并对其基础知识进行详细介绍。

4.1.1 主图的尺寸要求

主图是标准尺寸为310像素×310像素的正方形图片，如图4-1所示。800像素×800像素以上的图片，可在宝贝详情页中通过放大镜直接放大，使客户可以在主图中查看商品的细节，如图4-2所示。在计算机上编辑发布商品图片时，一般可以发布4～6张不同角度的主图。也可以在主图中发布视频，方便查看实物效果。

图4-1 标准尺寸主图

图4-2 800像素×800像素的主图

经验之谈：

主图图片至少上传一张。若是放大上传后的主图时发现不清晰，则是因为上传图片的比例过小或是过大。

4.1.2 商品主图设计的要点

在淘宝主图中，图片场景可以展示商品的使用范围，提升客户的认知度；背景颜色会影响客户的购买欲望；促销信息则可以提升商品点击率。下面对这些设计要点分别进行介绍。

- 图片场景：在设计图片场景时，选择不同背景的素材会对图片场景展现的效果产生不同影响，从而影响点击率。在使用不同场景的图片时，要注意与竞争对手的主图之间的区别，因为商品图片的场景会使客户产生强烈的对比。从大量调研数据中可看出，50%的主图都使用生活背景，如图4-3所示。
- 背景颜色：背景颜色常常是可以烘托商品的纯色背景，切记不要用过于繁杂的背景，因为人的眼睛一次只能存储两三种颜色，以纯色做背景时在颜色搭配上比较容易，也能令人印象深刻，如图4-4所示。反之，过多、过杂的背景颜色，会使客户感到眼部疲倦，只会分散注意力，影响客户的购买欲望，让图片效果大打折扣。

图4-3　图片场景体现商品

图4-4　主图背景颜色的选择

● 促销信息：目前客户都比较喜欢促销的商品，所以制作主图时可将促销信息设置到其中，以提高点击率，如"限时抢购""最后一天"等促销文案让人有再不买就错过的紧迫感。需要注意的是，促销信息要尽量简单、字体统一，应尽量在10个字以内，做到简短、清晰、有力，并避免促销信息混乱、喧宾夺主等情况发生，如图4-5所示。

图4-5　促销信息

- 商品是否有其他独特附加服务：当出现相同的商品进行竞争时，如何在主图中体现优势变得更加关键。此时可在主图中体现服务，如无条件退换货、不满意包退，让主图与其他商品主图有明显的区分，利用细小的差异留住客户，从而促进销售，如图4-6所示。

图4-6 添加独特附加服务

- 在主图中添加水印：为了避免主图被盗用，还可在主图中添加水印效果。该水印可以是店铺的Logo，也可以是店铺的名称或是店标，这样不但能在主图中为店铺打广告，加深客户对店铺的印象，还减少了主图被盗用的风险，如图4-7所示。

技巧秒杀

主图中的水印多指店铺 Logo 或是店铺名称，该水印不能使用详情页中的透明水印，以避免让主图的图片杂乱。

图4-7 添加水印

4.1.3 商品主图的制作技巧

好的主图能够提高点击率，从而达到引流的目的。客户在浏览主图时速度一般较快，让主图在淘宝搜索页的众多主图中脱颖而出，成功吸引客户，是制作主图的关键，制作商品主图一般可以从以下3个方面着手。

● **卖点清晰有创意**：所谓"卖点"，就是指商品具备的与众不同的特色、特点，既可以是商品的款式、形状、材质，又可以是商品的价格等。卖点清晰有创意是指让客户眼睛一扫而过，就能快速明白商品的优势是什么，和别的商家有什么不同。主图的卖点不需要多，但要能够直击要害，以直接的方式打动客户。许多商品的卖点都是大同小异的，这时优化卖点就会成为吸引客户眼球的关键。图4-8所示为未添加卖点的榨汁机主图，图4-9所示为添加卖点后的效果。

图4-8　未添加卖点的主图展示　　　　图4-9　添加卖点后的效果

● **商品的大小适中**：图片中的商品过大显得臃肿，过小不利于表达细节，不利于突出商品的主体地位。合适大小的商品能增强浏览时的视觉舒适感，提升点击率。图4-10中左侧的图片为榨汁机图片，可发现榨汁机过大，使右侧没有显示完全，而且文字过多，造成整个主图显得杂乱；而右侧的数据线虽然也很大，但是和文字的搭配却让人产生刚好合适的感觉，并且能观察到数据线的细节特征，极大地提高了客户浏览的直观度，从而将画面中"数据线"的个性——柔韧耐用完美地表现了出来。

图4-10　不同商品大小的对比效果

● **宜简不宜繁**：由于客户搜索商品时浏览主图的速度较快，因此传达的信息越简单、明确，越容易被接受，如商品放置杂乱、商品数量多、文案信息多、背景太杂、水印夸张等都会阻碍信息的传达。在图4-11所示的两张手机钢化膜主图中，左侧设计简洁大气、唯美清新，少量的文本很好地阐述了其卖点，而右图用了大量文本来说明，但是手机膜却没有很好地被显示出来，从而促使客户快速跳过该主图。

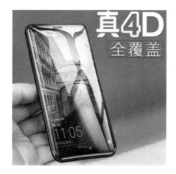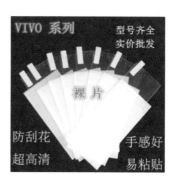

图4-11 手机钢化膜的对比效果

4.1.4 制作主图图片

扫一扫

制作主图图片

主图要有一定的亮点，本例将制作空气净化器的主图。该主图主要体现清新自然，并对"呵护"进行重点体现。在制作时先抠取空气净化器，再制作背景并输入文字内容，使整个画面显得清新自然，其具体操作如下。

STEP 01 打开"空气净化器.psd"图像文件（配套资源:\素材文件\第4章\空气净化器.psd），如图4-12所示。

STEP 02 在工具箱中选择"钢笔工具" ，在图像编辑区沿着空气净化器的轮廓绘制路径，完成后按"Ctrl+Enter"组合键，将路径转换为选区，如图4-13所示。

图4-12 打开素材文件

图4-13 绘制路径

STEP 03 选择【文件】/【新建】命令，打开"新建"对话框，在"名称"文本框中输入"空气净化器主图"，在"宽度"和"高度"右侧的文本框中分别输入"800"，并设置"单位"为"像素"，"分辨率"为"72像素/英寸"，单击 确定 按钮，如图4-14所示。

STEP 04 打开"空气净化器背景.jpg"图像文件（配套资源:\素材文件\第4章\空气净化器背景.jpg），选择"移动工具" ，将其拖动到新建的文件中，调整大小和位置，再将空气净化器的图像拖动到画布的右侧，如图4-15所示。

图4-14　新建图像文件

图4-15　添加背景内容

STEP 05 打开"图层"面板，按住"Ctrl"键不放，单击"图层 2"左侧的空气净化器缩略图，对图形建立选区，如图4-16所示。

STEP 06 选择【窗口】/【调整】命令，打开"调整"面板，在其中单击"创建新的色阶调整图层"按钮，打开"色阶"面板，在其中分别设置调整值为"111""0.65""255"，调整空气净化器的明暗对比度，如图4-17所示。

技巧秒杀

若是针对单个物品进行调色，需要先对该物品创建选区，再通过"调整"面板进行调整。其调整方法与使用【图像】/【调整】命令进行调整的方法相同。

图4-16　建立图形选区

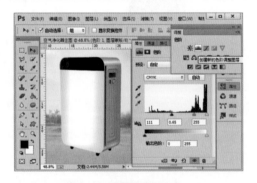

图4-17　调整明暗对比度

STEP 07 在"图层"面板中，再次为空气净化器创建选区，打开"调整"面板，在其中单击"创建新的曲线调整图层"按钮，打开"曲线"面板，在中间的调整线上确定一点向下拖动，调整颜色的对比效果，如图4-18所示。

STEP 08 隐藏"图层1"和"背景"图层，按"Ctrl+Shift+Alt+E"组合键，盖印图层，如图4-19所示。

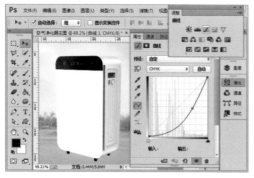

图4-18 调整颜色对比效果

图4-19 盖印图层

STEP 09 显示所有图层，选择"图层3"图层，按"Ctrl+T"组合键对盖印的图像进行自由变换，再在其上单击鼠标右键，在弹出的快捷菜单中选择"垂直翻转"命令，如图4-20所示。

STEP 10 此时该图像呈翻转状态，按住鼠标左键不放向下拖动至重叠处，使其形成投影效果，完成后再将"图层3"拖动到"图层2"的下方，如图4-21所示。

图4-20 垂直翻转图像

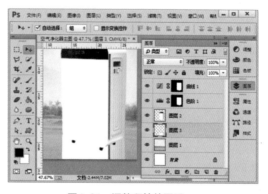

图4-21 调整翻转的图层

STEP 11 打开"图层"面板，选择"图层3"图层，单击"添加图层蒙版"按钮，添加图层蒙版。

STEP 12 设置前景色为"#000000"，在工具箱中选择"画笔工具"，再在工具属性栏中设置画笔为"柔边圆"，大小为"300"，在空气净化器的下方进行涂抹，虚化空气净化器的投影效果，使其过渡得更加自然，如图4-22所示。

STEP 13 选择【滤镜】/【模糊】/【高斯模糊】命令，打开"高斯模糊"对话框，设置"半径"为"5像素"，单击 确定 按钮，如图4-23所示。

STEP 14 返回图像编辑区，可发现投影的显示效果已经发生变化，此时在"图层"面板中设置"不透明度"为"80%"，如图4-24所示。

STEP 15 在"图层"面板中按住"Ctrl"键不放，选择所有与空气净化器相关的图层，单击 按钮链接图层，如图4-25所示。

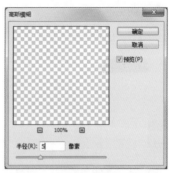

图4-22　添加图层蒙版　　　　　　　　　　图4-23　设置高斯模糊的半径值

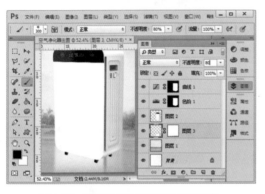

图4-24　查看投影效果并设置不透明度　　　　　图4-25　链接图层

STEP 16 打开"树叶.psd"图像文件（配套资源\素材文件\第4章\树叶.psd），将其中的树叶拖动到图像中，调整大小和位置，选择"橡皮擦工具" ![橡皮擦]，在工具属性栏中设置橡皮擦大小为"100"，擦除图像中多余的树叶效果，如图4-26所示。

STEP 17 在工具箱中选择"矩形工具" ![矩形]，在工具属性栏中设置填充颜色为"#e7221c"，在左上角绘制"320像素×80像素"的矩形。

STEP 18 使用相同的方法，在矩形的右侧再次绘制"50像素×80像素"的矩形，设置填充颜色为"#efea3a"，如图4-27所示。

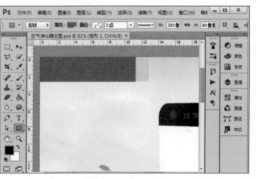

图4-26　添加树叶素材　　　　　　　　　　图4-27　绘制矩形

STEP 19 在工具箱中选择"横排文字工具" T ，打开"字符"面板，设置字体为
"Aldine401 BT"，字号为"45点"，行距为"60点"，颜色为"#ffffff"，单击"加粗"按
钮 T ，单击"全部大写字母"按钮 TT ，在矩形中输入"HUMIDIFIER"，如图4-28所示。

STEP 20 打开"图层"面板，选择文字图层，并在其下单击 fx 按钮，在打开的下拉列表中
选择"投影"选项，如图4-29所示。

图4-28 在矩形中输入文字

图4-29 选择"投影"选项

STEP 21 打开"图层样式"对话框，设置不透明度、距离、大小分别为"100%""6像
素""4像素"，单击 确定 按钮，如图4-30所示。

STEP 22 选择"横排文字工具" T ，在工具属性栏中设置字体为"汉仪魏碑简"，字号为
"90点"，在图像编辑区输入如图4-31所示的文字，并设置下方的字号为"70点"。

图4-30 设置投影参数

图4-31 输入文字

STEP 23 打开"绿色背景.jpg"图像文件（配套资源:\素材文件\第4章\绿色背景.jpg），将
其拖动到文字的下方，并将其对应的图层移动到"智能恒湿"图层的上方，在其上单击
鼠标右键，在弹出的快捷菜单中选择"创建剪贴蒙版"命令，为文字创建剪贴蒙版，如
图4-32所示。

STEP 24 使用相同的方法为"银离子抑菌"文字创建剪贴蒙版，并查看完成后的效果，完
成后再次选择"智能恒湿"图层，在图层右侧的空白处双击，打开"图层样式"对话框，如
图4-33所示。

图4-32　创建剪贴蒙版　　　　　　　　　　图4-33　添加其他剪贴蒙版

STEP 25 在左侧单击选中"外发光"复选框，设置混合模式、不透明度、扩展、大小分别为
"深色""80%""60%"和"2像素"，如图4-34所示。

STEP 26 在左侧单击选中"投影"复选框，设置颜色、不透明度、距离、大小分别为
"#534a4b""30%""3像素"和"4像素"，单击 确定 按钮，如图4-35所示。

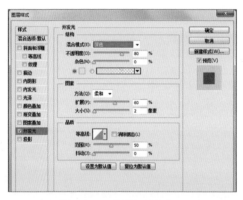
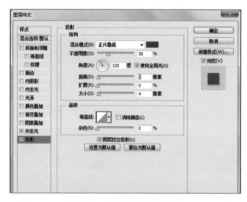

图4-34　设置外发光参数　　　　　　　　　　图4-35　设置投影参数

STEP 27 在图像编辑区查看添加图层样式后的效果，再次在"图层"面板中选择"智能恒
湿"图层，在其上单击鼠标右键，在弹出的快捷菜单中选择"拷贝图层样式"命令，复制图
层样式，如图4-36所示。

STEP 28 在"银离子抑菌"图层上单击鼠标右键，在弹出的快捷菜单中选择"粘贴图层样
式"命令，将前面的图层样式粘贴到对应的图层中。

STEP 29 在工具箱中选择"直线工具"／，在文字的下方绘制310像素×5像素的直线，如
图4-37所示。

STEP 30 在工具箱中选择"矩形工具"■，在工具属性栏中设置填充颜色为"#ce1f21"，
在直线的下方绘制"300像素×38像素"的矩形，完成后按住"Alt"键不放，向下拖动复制
矩形，如图4-38所示。

STEP 31 在直线的下方和矩形中分别输入如图4-39所示的文字，并设置字体为"Adobe 黑

体 Std"，字号分别为"20 点"和"25 点"，调整文字位置，并将矩形中的文字颜色修改为
"#f6f3f9"。

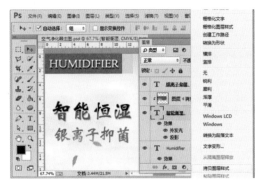

图4-36　拷贝图层样式

图4-37　在文字下方绘制直线

图4-38　绘制红色矩形

图4-39　在矩形中输入文字

STEP 32 在矩形的下方输入"原价：499"，打开"字符"面板，设置字体为"Adobe 黑体
Std"，字号为"21点"，单击"仿粗体"按钮 **T**，单击"删除线"按钮 **T**，如图4-40所示。

STEP 33 使用相同的方法，在文字下方继续输入其他文字，并设置字体为"黑体"，文字颜
色为"#e71d34"，调整文字大小和位置，如图4-41所示。

图4-40　输入黑色删除文字

图4-41　输入其他文字

STEP 34 选择"269"图层，在其上单击鼠标右键，在弹出的快捷菜单中选择"粘贴图层样式"命令，将前面的图层样式粘贴到该图层。

STEP 35 打开"阳光.jpg"图像文件（配套资源:\素材文件\第4章\阳光.jpg），将其拖动到图像中，打开"图层"面板，在其中设置图层样式为"滤色"，不透明度为"80%"，如图4-42所示。

STEP 36 打开"鸟.psd"图像文件（配套资源:\素材文件\第4章\鸟.psd），将其中的鸟拖动到图像中，调整鸟在图像中的位置。

STEP 37 保存图像并查看完成后的效果，如图4-43所示（配套资源:\效果文件\第4章\空气净化器主图.psd）。

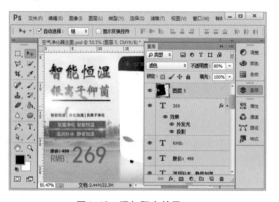
图4-42　添加阳光效果

图4-43　查看完成后的效果

经验之谈：

在制作主图时，不同类型的商品主图要求不同。如对于服装类商品，在制作主图时将不会过多地添加文字内容，常常只需选择一张好看的模特图片，将该图片放到主图位置中，并加上简单的 logo 即可完成主图的制作。它们不要求文字的描述，只注重上身效果。而对于家电类商品，在制作主图时将会提取卖点，将卖点直接展示到主图中以吸引客户查看，因此该类商品卖点文字很重要。而鞋包类商品，则主要分为两部分——一半用于模特的展示，而另一半则用于细节的展示，文字说明相对较少。因此，在制作主图时需要依据商品类型制作该类型的主图效果。

4.1.5　制作主图视频

现在很多网店都在主图中添加视频来提升店铺的档次，主图视频的时长不超过60秒，主要用于展现商品的卖点和商品的细节，以吸引客户的眼球。在制作主图视频前，需要先认识会声会影，再在会声会影中制作视频，并对制作的视频添加切换效果。

1. 认识会声会影

会声会影能帮助用户快速地完成视频的编辑工作。会声会影的操作界面包括步骤面板、菜单栏、预览窗口、素材库、选项面板、工具栏、项目时间轴，如图4-44所示。

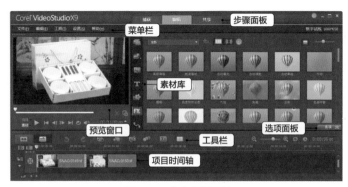

图4-44　会声会影面板

- 步骤面板：该面板中包括捕获、编辑和分享（即影片剪辑的3大步骤）面板。单击对应的按钮可进行相应的操作，编辑面板是默认的面板，也是会声会影的核心部分。
- 菜单栏：菜单栏包括文件、编辑、工具、设置和帮助5个菜单。
- 素材库：素材库用来管理与保存素材文件，包括媒体、即时项目、转场、标题、图形、滤镜和路径等素材。
- 预览窗口：预览窗口用于查看视频制作的效果。
- 选项面板：选项面板用于设置视频、素材或转场等属性，面板的内容会因素材类型及素材所在轨道的不同而有所差异。在视频轨中添加素材后双击素材，或选择素材，单击【 选项 ∧ 】按钮，即可打开选项面板。
- 工具栏：利用工具栏，可快速访问编辑按钮，还能使用相应的工具进行视频的编辑。
- 项目时间轴：项目时间轴是添加并编辑素材的地方，时间轴面板中包含了视频轨、覆叠轨、标题轨、声音轨和音乐轨等。

2. 制作女包主图视频

认识会声会影后即可进行主图视频的编辑。编辑时需先创建项目文件，并对项目文件进行编辑，这样编辑后的视频才会更加完整。下面将制作一款女包主图视频，先设置项目的属性，再调整素材的位置，设置素材的时间，最后添加转场动画和声音。其具体操作如下。

STEP 01 启动会声会影，选择【文件】/【新建项目】命令，新建项目，然后选择【设置】/【项目属性】命令，如图4-45所示。

图4-45　新建项目

STEP 02 打开"项目属性"对话框，在"项目格式"下拉列表中选择"DV/AVI"选项，单击 编辑(E)... 按钮，如图4-46所示。

STEP 03 打开"编辑配置文件选项"对话框，单击"AVI"选项卡，在"压缩"下拉列表中选择"MJPEG Compressor"选项；单击"常规"选项卡，单击选中"自定义"单选项，分别在"宽度"和"高度"数值框中输入"800"，如图4-47所示，单击 确定 按钮，返回"项目属性"对话框，单击 确定 按钮。

图4-46　选择项目格式

图4-47　编辑配置文件选项

经验之谈：

很多格式都有固定的尺寸，"自定义"单选项只有在选择"AVI"后，压缩格式非DV格式时，才能自定义项目的尺寸。

STEP 04 选择【文件】/【将媒体文件插入到时间轴】/【插入照片】命令，如图4-48所示。

STEP 05 在打开的"浏览照片"对话框中选择添加的照片（配套资源:\素材文件\第4章\女包\），如图4-49所示，单击 打开(0) 按钮，将素材导入至项目时间轴中。

图4-48　插入照片

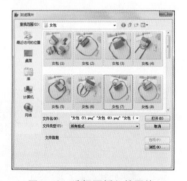

图4-49　选择要插入的图片

STEP 06 选择"女包（4）"素材，按住鼠标左键不放，并将其向左拖动至"女包（2）"素材之前，释放鼠标左键即可调整素材的顺序，如图4-50所示。

STEP 07 选择"女包（5）"素材，在其上单击鼠标右键，在弹出的快捷菜单中选择"删除"命令，即可删除选择的图片，如图4-51所示。

图4-50　调整图片位置　　　　　　　　　　图4-51　删除图片

STEP 08 使用相同的方法，删除"女包（6）""女包（7）""女包（9）"~"女包（11）"和"女包（16）"~"女包（20）"图片，如图4-52所示。

STEP 09 选择"女包（1）"素材，单击 选项 ∧ 按钮打开选项面板，设置时间为"00:00:00:24"，按"Enter"键确认。使用相同的方法将除最后一张的其他图片均设置为"00:00:00:24"，再将最后一张图片设置为00:00:00:09"，如图4-53所示。

图4-52　删除多余的素材图片　　　　　　　图4-53　设置时间

技巧秒杀

　　直接在素材的左侧或右侧使用鼠标进行拖动，也可调整时间的区间，鼠标旁的数字表示区间的参数。

STEP 10 单击"转场"按钮 AB，单击"全部"右侧的下拉按钮 ▼，在打开的下拉列表中选择"3D"选项，选择"手风琴"转场，将其拖动至第一张图片上，如图4-54所示。

STEP 11 使用相同的方法，将"百叶窗"转场依次添加到其后的图片上，为其添加过渡效果，如图4-55所示。

图4-54 添加转场动画

图4-55 添加其他转场动画

STEP 12 当插入转场动画后，播放时间发生变化，可直接按"Ctrl+A"组合键选择所有图片，在其上单击鼠标右键，在弹出的快捷菜单中选择"更改照片区间"命令，打开"区间"对话框，设置区间值为"0:0:1:3"，单击 确定 按钮，如图4-56所示。

STEP 13 选择最后一张素材，将其拖动至"00:00:08:24"位置处，调整秒数，如图4-57所示。

图4-56 调整图片的区间

图4-57 调整图片的秒数

经验之谈：

为了保证主图视频的时间不低于9秒，可使用"更改照片区间"命令，调整每张图片的固定时间。若调整后的时间没达到9秒，可直接对一张图片进行调整，避免出现时间过短的情况。

STEP 14 选择【文件】/【将媒体文件插入到时间轴】/【插入音频】/【到音乐轨】命令。在打开的对话框中选择音频素材（配套资源:\素材文件\第4章\背景音乐.mp3），如图4-58所示，单击 打开(O) 按钮，素材将被导入至音乐轨。

STEP 15 将鼠标指针移动至视频轨素材结束的位置，单击"根据滑轨位置分割素材"按钮，音频素材将被裁剪为两段，如图4-59所示。

图4-58 选择音频文件

图4-59 裁剪音频文件

STEP 16 选择第2段音频素材，按"Delete"键删除，选择音频素材，单击 选项 ∧ 按钮，打开选项面板，单击"淡出"按钮 ，如图4-60所示。

STEP 17 单击"混音器"按钮 ，通过拖动音频素材上的节点调节淡出点，如图4-61所示。

图4-60 单击"淡出"按钮

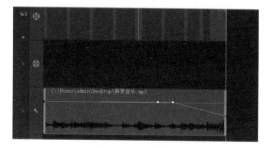

图4-61 调节淡出点

STEP 18 按"Ctrl+S"键保存制作好的会声会影文件（配套资源:\效果文件\第4章\女包.VSP）。在上方单击"共享"选项卡，打开"共享"面板，在"创建能在计算机上播放的视频"栏中选择"自定义"选项，在"格式"栏的下拉列表中选择"MPEG-4文件[*mp4]"选项，然后设置"文件名"和"文件位置"，如图4-62所示，然后单击 开始 按钮进行渲染，完成后单击 确定 按钮即可。

STEP 19 双击保存的mp4文件，即可播放制作的视频（配套资源:\效果文件\第4章\女包.mp4），如图4-63所示。

经验之谈：

主图视频时长不得超出60秒，一般主图视频建议为9～30秒，可优先在猜你喜欢、有好货等推荐频道展现。视频画面为正方形，比例为1：1，大小不低于540像素×540像素，推荐800像素×800像素，并且一个视频只能绑定一件商品。

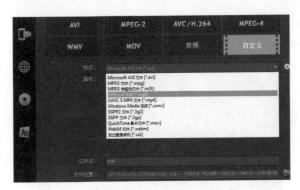

图4-62　保存视频

图4-63　播放视频

4.2　制作具有创意的直通车推广图

直通车是淘宝为商家量身定制的一种推广方式，按点击付费，可以精准推广商品，是淘宝商家进行宣传与推广的主要手段。直通车不仅可以提高商品的曝光率，还能有效增加店铺的流量，吸引更多客户。下面对直通车推广图的相关知识分别进行介绍。

4.2.1　直通车的功能

淘宝直通车是阿里妈妈旗下的一个营销平台，是淘宝的一种付费推广方式。商家通过设置关键词来推广商品，淘宝根据客户搜索的关键词在直通车展示位展示相关商品。客户单击展示位的商品进入详情页或店铺后，将产生一次流量；当客户通过该次点击继续查看店铺其他商品时，即可产生多次跳转流量，从而形成以点带面的关联效应。淘宝直通车推广可以多维度、全方位提供各类报表以及信息咨询，从而快速、便捷地进行批量操作。商家可以根据实际需要，按时间和地域来控制推广费用，精准定位目标消费群体，降低推广成本，提高店铺的整体曝光率和流量，最终达到提高销售额的目的。同时，淘宝直通车还给商家提供了淘宝首页热卖单品活动、各个频道的热卖单品活动以及不定期的淘宝各类资源整合的直通车用户专享活动。

经验之谈：

　　直通车一般指单品推广，即掌柜热卖中的商品，其图片设计规格为商品主图的规格，一般直接从商品主图中选择，侧重于单个商品的信息传递或是销售诉求，以销售转化为最终目的。

4.2.2　直通车投放的策略

在不同时期，直通车投放的策略有所不同。在直通车开通的前期，最主要的目的是提高点击率，提高质量得分，使商品排名靠前和推广费用降低，因此要求直通车推广图创意十足，视觉冲击力强，能够吸引人点击；而直通车开通的后期，最主要的目的是精准引流，即直通车推广图不仅要吸引人点击，引进流量，而且要能促进订单的达成，提高流量的转化率。此时，对直通车图片的要求是目标客户的定位要准确，且图片中的商品与详情页的描述或者真实的商品匹配度要高。

经验之谈：

一天中不是每个时刻的流量都是均等的，一般来说，上午10:00前后，下午15:00～16:00，晚上20:00～22:00这几个时段是流量的高峰期。为了抓住高峰期，可提前设置直通车的投放时间，在流量低谷与流量高峰时段设置不同的出价，以控制成本，保证资源得到最大限度的利用。

4.2.3 直通车的展现位置

参加直通车推广的商品，主要展现在以下几个位置。

- 淘宝网搜索结果页面中间，提示有"掌柜热卖"的1～3位展示位，如图4-64所示。该展示位将根据搜索的内容发生变化。

图4-64 淘宝网搜索结果页面中间展示位置

- 淘宝网搜索结果页面的右侧有16个竖着的展示位，页面底端有5个横着的展示位，如图4-65所示。每页展示21件商品，右侧展示1～16位，下面展示17～21位。搜索页面可一页一页往后翻，展示位以此类推。

图4-65 搜索结果页底端展示位置

- "已买到的宝贝"页面中的掌柜热卖，"我的收藏"页面中的掌柜热卖，"每日焦点"中的热卖排行，淘宝首页靠下方的"热卖单品"也是直通车的展示位置，如图4-66所示。

图4-66　淘宝首页下方"热卖单品"展示位置

● 在天猫中输入关键词或者单击类目搜索时，搜索结果页面最下方是"掌柜热卖"的展示位置，展位个数与计算机分辨率有关。

经验之谈：

　　无线端也有直通车展示位，购物车页面、收藏店铺页面、手机淘宝首页的"猜你喜欢"等与PC端类似，无线端自然搜索结果页的展示方式与PC端略有不同。无线端自然搜索结果页的直通车展示位置为无线端自然搜索结果页中的第一个商品，同时每隔5个或10个商品加入一个直通车展位。根据无线端移动设备的不同，展示位置也会有一些差异。

4.2.4　直通车图片的设计原则

　　为了提高直通车的点击率，直通车图片往往不只制作一张，可以依据不同的卖点，采用不同的设计形式制作多张直通车图片，然后依次测验，最终选择点击率与转化率最优的直通车图片做推广。一般情况下，制作直通车图片时应遵循3个原则。

● 主题卖点简洁精确：主题卖点要紧扣客户诉求，并且要简洁明了、直接精确。为了让客户容易接受，标题尽量控制在6个字以内。图4-67所示为电饭锅直通车图片中利用简单的标题文字体现主题内容。

图4-67　利用简单的标题文字突出卖点

● 构图合理：直通车的构图方式有很多，包括中心构图、三角构图、斜角构图、黄金比例构图等，但总体上要求符合客户从左至右、从上至下、先中间后两边的视觉流程，图文搭配比例要恰当，颜色的搭配需和谐。应用文本时，要求文本的排列方式、行距、字体颜色、样式等要整齐统一，并通过改变字体大小或者颜色来清晰地呈现信息的主次。图4-68所示为从左至右的构图方式，左侧为文字，右侧为图片，可让文字和图片能得到很好的体现。

图4-68 左文右图展现文字和图片信息

- 具有吸引力：使用独特的拍摄手法、夸张直接的文案或通过商品的精美搭配与其他商品形成鲜明对比，都可以让商品图片从图海中脱颖而出，快速吸引客户，被客户读懂。图4-69所示的文案就极具吸引力。需要注意的是，若商品的款式吸引力强，就需要充分、全面地展示款式，并不需要烦琐的文案，背景大量留白、色彩单一反而更能体现商品的品质，更能吸引客户的注意力。

图4-69 用更具吸引力的文案留住消费者

4.2.5 制作直通车推广图

一般直通车推广图的制作方法与主图的制作方法类似。本例将制作一张以"促销活动"为主题的直通车推广图，要注重对促销信息的描述，要在图片中尽量表现促销的吸引力（即各种促销手段），体现促销的主题、促销活动的时间等信息。本例将制作大枣的直通车图片，首先制作炫彩的背景，然后添加促销信息对商品进行说明。其具体操作如下。

扫一扫

制作直通车推广图

STEP 01 新建大小为800像素×800像素，分辨率为72像素/英寸，名为"大枣直通车图"的文件。设置前景色为"#40024f"，新建图层，按"Alt+Delete"组合键填充前景色，作为直通车推广图的背景，如图4-70所示。

STEP 02 打开"网格.psd"图像文件（配套资源:\素材文件\第4章\网格.psd），将其拖动到图像中。打开"图层"面板，在其中设置图层样式为"叠加"，不透明度为"50%"，如图4-71所示。

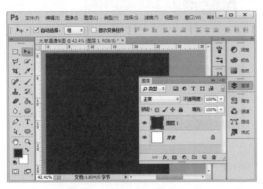
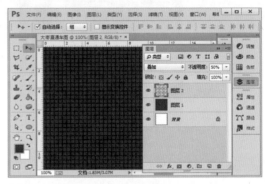

图4-70 新建图层并填充颜色　　　　　　　　图4-71 添加网格

STEP 03 打开"凹凸纹理.jpg"图像文件（配套资源:\素材文件\第4章\凹凸纹理.jpg），将其拖动到图像中。打开"图层"面板，在其中设置图层样式为"强光"，不透明度为"50%"，如图4-72所示。

STEP 04 在工具箱中选择"椭圆工具" ，在工具属性栏中设置填充颜色为"#fcff00"，在图像编辑区按住"Shift"键不放，绘制直径为670像素的正圆，如图4-73所示。

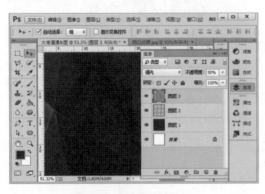
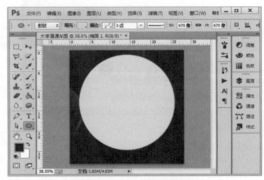

图4-72 添加凹凸纹理　　　　　　　　　　图4-73 绘制黄色的正圆

STEP 05 打开"大枣.jpg"图像文件（配套资源:\素材文件\第4章\大枣.jpg），将其拖动到图像下方，如图4-74所示。

STEP 06 打开"图层"面板，选择"图层4"图层，单击"添加图层蒙版"按钮 ，添加图层蒙版。

STEP 07 设置前景色为"#000000"，在工具箱中选择"画笔工具" ，再在工具属性栏中设置画笔为"柔边圆"，大小为"50"，在大枣的下方进行涂抹，抠取大枣部分，使其过渡得更加自然，如图4-75所示。

图4-74 添加大枣素材

图4-75 抠取大枣图像

STEP 08 按住"Ctrl"键，单击大枣的图层蒙版创建选区，打开"调整"面板，在其中单击"创建新的可选颜色调整图层"按钮 ，打开"可选颜色"面板，在"颜色"下拉列表中选择"红色"选项，在其中分别设置青色、洋红、黄色、黑色的值为"-49%""+50%""+50%""0%"，调整大枣的红色鲜艳度，如图4-76所示。

STEP 09 再次按住"Ctrl"键，单击大枣的图层蒙版创建选区，打开"调整"面板，在其中单击"创建新的色阶调整图层"按钮 ，打开"色阶"面板，在其中分别设置调整值为"8""2.10""225"，调整大枣的亮度，如图4-77所示。

图4-76 调整红色鲜艳度

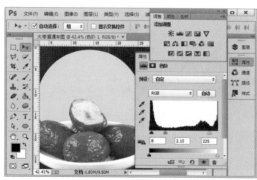

图4-77 使用色阶调整大枣亮度

STEP 10 选择"图层4"图层，按"Ctrl+J"组合键复制图层，选择复制后的图层蒙版，再选择"画笔工具" ，在大枣的上方进行涂抹，只余留盘子部分区域，完成后设置图层样式为"正片叠底"，如图4-78所示。

STEP 11 完成后选择所有大枣图层，单击 按钮，将其链接在一起，以避免误操作。

STEP 12 打开"叶子.psd"图像文件（配套资源:\素材文件\第4章\叶子.psd），将其拖动到大枣图层的下方，调整大小和位置，如图4-79所示。

图4-78　加深盘子区域

图4-79　添加叶子素材

STEP 13 在工具箱中选择"横排文字工具" T，打开"字符"面板，设置字体为"方正粗谭黑简体"，字号为"150点"，颜色为"#ffffff"，在圆形中输入"限时大促销"，完成后单独选择"限时"文字，将颜色修改为"#fcff00"，完成后将文字向右倾斜，如图4-80所示。

STEP 14 选择"限时大促销"图层，在图层右侧的空白处双击，打开"图层样式"对话框。单击选中"描边"复选框，在右侧设置大小为"30像素"，位置为"外部"，单击 ◯◯◯◯确定◯◯◯◯ 按钮，如图4-81所示。

图4-80　设置文字格式

图4-81　设置描边效果

STEP 15 使用相同的方法，在文字的上方输入"受到万千好评"文字，并设置字体为"方正兰亭粗黑简体"，字号为"55点"，描边粗细为"10像素"。完成后的效果如图4-82所示。

STEP 16 新建图层，在工具箱中选择"钢笔工具" ✐，在文字的下方绘制路径，按"Ctrl+Enter"组合键转换为选区，再将前景色设置为"#e10000"，按"Alt+Delete"组合键填充颜色，如图4-83所示。

STEP 17 使用相同的方法，在绘制的图像上方输入"马上抢购"文字，并设置字体为"方正兰亭粗黑简体"，字号为"48点"，颜色为"#fcff00"，并使其倾斜显示。完成后链接图形和文字，并将其移动到适当位置，如图4-84所示。

STEP 18 在工具箱中选择"椭圆工具" ，在工具属性栏中设置填充颜色为"#000000"，在图像编辑区按住"Shift"键不放，绘制直径为200像素的正圆，完成后按"Ctrl+J"组合键复制一个相同大小的圆，如图4-85所示。

图4-82 输入其他文字

图4-83 绘制形状并填充颜色

图4-84 输入黄色文字

图4-85 绘制黑色的圆

STEP 19 选择【滤镜】/【模糊】/【高斯模糊】命令，打开"高斯模糊"对话框，设置"半径"为"3.0像素"，单击 确定 按钮，如图4-86所示。

STEP 20 将"椭圆2 拷贝"图层移动到"椭圆2"图层的下方，并将图像向下移动形成投影效果，完成后设置不透明度为"50%"，如图4-87所示。

图4-86 设置高斯模糊

图4-87 制作圆投影

STEP 21 在工具箱中选择"直线工具" ，在椭圆的中间部分绘制177像素×1像素的直线，并设置填充颜色为"#ffff00"，如图4-88所示。

STEP 22 再次使用相同的方法，在绘制的圆上输入文字，并设置字体为"方正兰亭特黑_GBK"，文字颜色为"#ffff00"，调整文字大小和位置。

STEP 23 保存图像并查看完成后的效果，如图4-89所示（配套资源:\素材文件\第4章\大枣直通车图.psd）。

图4-88　绘制直线

图4-89　查看完成后的效果

4.3　制作具有吸引力的智钻图

智钻也叫钻石展位，是淘宝网图片类广告位竞价投放平台。智钻图即智钻位展示图，主要依靠图片创意吸引客户点击，获取巨大流量。因此，一张好的智钻图是至关重要的。下面对智钻的定义和位置、智钻图的设计标准、智钻图的布局方式分别进行介绍。

4.3.1　智钻的定义和位置

智钻是淘宝网提供的一种营销工具。智钻为商家提供了数量众多的网内优质展位，包括淘宝首页、内页频道、门户、画报等多个淘宝站内广告位，以及搜索引擎、视频网站、门户网等站外媒体展位。

和直通车不同，智钻的位置众多且尺寸各异，仅投放大类就包括天猫首页、淘宝首页、淘宝旺旺、站外门户、站外社区和无线淘宝等，不同位置对应的智钻图尺寸、消费人群、消费特征和兴趣各不相同。因此，在制作智钻图片时，要根据位置、尺寸等信息调整广告诉求，并采取合适的表达方式进行展示。下面对一些常见位置及尺寸的智钻图进行介绍。

- 淘宝首页焦点智钻图：淘宝首页焦点智钻图位于淘宝首页的上方，是进入淘宝首页后的视觉中心。其标准尺寸为520像素×280像素，由于其尺寸较大，能够完全地展示商品图片与文案，因此价格最贵，如图4-90所示。

图4-90 淘宝首页焦点智钻

- 淘宝首页焦点图右侧banner：该板块位于淘宝首页焦点图的右侧。其标准尺寸为160像素×200像素，首页一屏的黄金位置，流量充足，价格适中，点击率高。由于尺寸较小，其主要对商品进行展示。该图文本精简，但文本字号较大，如图4-91所示。

图4-91 淘宝首页焦点图右侧banner

- 淘宝首页3屏通栏大banner：淘宝首页3屏通栏大banner位于"热卖单品"的下方。其标准尺寸为375像素×130像素，流量充足，价格适中，回报率较高，在设计时要注意使图片和文字相结合，文字要醒目，如图4-92所示。

图4-92 淘宝首页3屏通栏大banner

- 淘宝首页通栏1：位于"淘抢购"下方的淘宝首页通栏1，是网店广告的首选。其标准尺寸为800像素×90像素，由于图片高度太小，故无法完全展示商品，只能展示部分细节，多用于网店的推广，如图4-93所示。

图4-93 淘宝首页通栏1

- 淘金币首页通栏轮播：位于淘金币首页焦点图的下方，标准尺寸为990像素×95像素。因为是通栏轮播，所以在展示图片时，多选择具有代表性的图片，或用具有概括性的文字表示。该板块相对于淘宝首页中的板块价格稍低，回报率较高，如图4-94所示。

图4-94　淘金币首页通栏轮播

- 淘宝垂直频道智钻图：淘宝垂直频道包括淘宝女装、淘宝数码、淘宝美妆、聚划算、极有家、全球购等，在淘宝首页单击相应的频道即可进入。进入频道首页后，页面的顶端会显示一些广告，这些广告即为淘宝垂直频道智钻图。图4-95所示为淘宝女装频道中的智钻图。

图4-95　淘宝女装频道中的智钻图

4.3.2　智钻图的设计标准

智钻图的位置和尺寸虽然多样，但设计的标准是一致的。下面对其进行详细介绍。

- 主体突出：智钻的主体不一定是商品图片，也可以是创意方案或客户诉求的呈现。突出主体才能够吸引更多客户点击，如图4-96所示。

图4-96　突出主体的智钻图

- 目标明确：智钻投放的目的很多，如通过智钻上新，通过智钻引流到聚划算，通过智钻预热大型活动，以及通过智钻进行品牌形象宣传等。因此，在智钻图的设计制作中，首先需要明确营销目标，针对目标进行素材的选择和设计，这样才能保证点击率与转化率，如图4-97所示。

图4-97　目标明确的智钻图

● 形式美观：美的东西总是令人无法抗拒，形式美观的智钻图更能获得客户好感，进而提高点击率。当选择好素材、规划好创意后，适当美化智钻图尤为重要。图4-98通过唯美的模特来增强画面的吸引力，也是一种常见的设计方法。

图4-98 形式美观的智钻图

4.3.3 智钻图的布局方式

智钻图是有结构和层次的，不同布局将呈现不同的视觉焦点。若视觉焦点不统一或者布局不理想，很容易形成信息错乱，让客户忽视重点。智钻图的常用布局方式主要有以下8种。

● 两栏式：图片与文案分两栏排列，左文右图或左图右文。中心主体一般占整个画面的7/10，在文案排版上一般通过大小对比与色彩对比来突出显示层次，如图4-99所示。

● 三栏式：中间放置文字，两边的图片以不同大小、位置摆放，或是两边文字、中间图片，使其形成空间感，适合多件商品或者多种色彩的展示，如图4-100所示。

图4-99 两栏式构图

图4-100 三栏式构图

● 上下式：上文下图或上图下文，主要用于多系列商品促销活动，通常用于尺寸较小且呈正方形显示的展位，如图4-101所示。

● 正反三角形构图：正反三角形构图的立体感强，构图稳定自然、空间感强、安全感强、稳定可靠，如图4-102所示。

图4-101 上下式构图

图4-102 正反三角形构图

- **垂直构图**：垂直构图的特点是在画面中平均分布各商品，由于所占比重相同，其秩序感强，更适合多商品、多色系或多角度的展示，如图4-103所示。
- **斜切式**：斜切式构图能让整个画面富有张力，可以让主体和需要表达的内容更醒目，如图4-104所示。

图4-103　垂直构图

图4-104　斜切式构图

- **渐次式**：渐次式构图是指将多件商品进行渐次式排列——由远及近，由大及小，其构图稳定，空间层次更加丰富，给客户更为自然舒适的感觉，如图4-105所示。
- **放射性构图**：构图时由一个视觉中心点放射出来，具有极强的透视感，特别适合大促活动的智钻图，如图4-106所示。

图4-105　渐次式构图

图4-106　放射性构图

4.3.4　制作智钻图

进入淘宝卖家中心，在"我要推广"页面选择智钻推广方式，选择开通智钻的位置，即可根据智钻的尺寸进行智钻图的设计。本节将以毛巾为例，制作几张常见智钻尺寸的智钻图，包括520像素×280像素、160像素×200像素、375像素×130像素3种。

1. 制作520像素×280像素的智钻图

520像素×280像素智钻图即淘宝首页焦点智钻图。该图位置醒目，一般以突出的文字和商品吸引客户。其具体制作方法如下。

STEP 01 新建大小为520像素×280像素，分辨率为72像素/英寸，名为"毛巾520像素×280像素智钻图"的文件，如图4-107所示。

STEP 02 打开"室内.jpg"图像文件（配套资源:\素材文件\第4章\室内.jpg），将其拖动到图像右上方。

制作520像素×280像素的智钻图

STEP 03 打开"图层"面板,选择"图层1"图层,单击"添加图层蒙版"按钮 □ ,添加图层蒙版。设置前景色为"#000000",在工具箱中选择"画笔工具" ,再在工具属性栏中设置画笔为"柔边圆",大小为"100",在室内图片的左侧进行涂抹,使其过渡得更加自然,再将"不透明度"设置为"30%",如图4-108所示。

图4-107 新建文件

图4-108 设置背景效果

STEP 04 打开"淡雅花瓶.jpg"图像文件(配套资源:\素材文件\第4章\淡雅花瓶.jpg),将其拖动到图像右下方。再次单击"添加图层蒙版"按钮 □ ,添加图层蒙版,选择"画笔工具" ,对花瓶的四周进行涂抹,擦除白色背景,如图4-109所示。

STEP 05 新建图层,在工具箱中选择"钢笔工具" ,绘制路径,按"Ctrl+Enter"组合键将绘制的区域转换为选区,再将前景色设置为"#000000",按"Alt+Delete"组合键填充颜色,并将不透明度设置为"5%",如图4-110所示。

图4-109 打开素材并添加图层蒙版

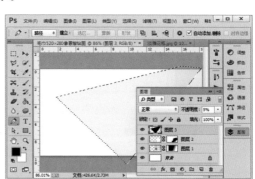

图4-110 绘制形状并设置不透明度

STEP 06 打开"毛巾.jpg"图像文件(配套资源:\素材文件\第4章\毛巾.jpg),将其拖动到图像左侧。再次单击"添加图层蒙版"按钮 □ ,添加图层蒙版,如图4-111所示,选择"画笔工具" ,对毛巾的上下方进行涂抹,擦除白色背景,使其过渡自然。

STEP 07 在工具箱中选择"横排文字工具" T ,打开"字符"面板,设置字体为"创艺简魏碑",字号为"120点",颜色为"#825746",在绘制的形状中输入"秋",如图4-112所示。

STEP 08 双击"秋"图层右侧的空白处，打开"图层样式"对话框。单击选中"投影"复选框，在右侧设置颜色、不透明度、距离、大小分别为"#cbc6c7""80%""4像素"和"3像素"，单击 确定 按钮，如图4-113所示。

图4-111　打开毛巾素材并添加图层蒙版

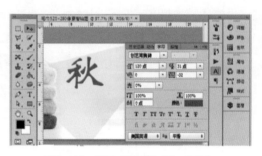

图4-112　打开"图层样式"对话框

STEP 09 再次选择"秋"图层，在其上单击鼠标右键，在弹出的快捷菜单中选择"栅格化文字"命令，如图4-114所示。

图4-113　添加投影效果

图4-114　栅格化文字

STEP 10 选择【滤镜】/【油画】命令，打开"油画"对话框，在其中设置如图4-115所示参数，完成后单击 确定 按钮。

STEP 11 选择【滤镜】/【滤镜库】命令，打开"滤镜库"对话框，在中间列表中选择"画笔描边"选项，在打开的列表中选择"成角的线条"选项，在右侧面板中设置如图4-116所示参数，完成后单击 确定 按钮。

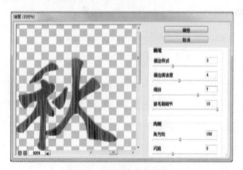

图4-115　设置油画效果

图4-116　设置成角的线条画笔效果

STEP 12 使用相同的方法，在"秋"文字右侧输入"日私语"文字，并设置字体为"微软简隶书"，字号为"40点"，完成后将"秋"图层样式拷贝到"日私语"图层中，如图4-117所示。

STEP 13 选择"矩形工具" ，在文字的下方绘制225像素×30像素的矩形，并设置填充色为"#835643"，完成后再在矩形上方输入"超柔软毛巾6折包邮"，并设置字体为"方正硬笔行书简体"，字号为"23点"，如图4-118所示。

图4-117 输入"日私语"文字 图4-118 绘制矩形并输入文字

STEP 14 继续在下方输入文字，并设置字体为"汉仪中黑简"，字号为"16点"。

STEP 15 在下方输入"优惠价："，设置字体为"汉仪中黑简"，字号为"15点"，继续输入"¥"，设置字体为"Adobe 黑体 Std"，字号为"20点"；在图4-119中，输入"19.9"，设置字体为"Castellar"，字号为"40点"，设置输入的文字颜色为"#ff0000"，调整文字的位置。保存图像并查看完成后的效果（配套资源:\效果文件\第4章\毛巾520像素×280像素智钻图.psd），如图4-120所示。

图4-119 输入其他文字 图4-120 查看完成后的效果

2. 制作160像素×200像素的智钻图

160像素×200像素智钻图位于淘宝首页焦点图下方的右侧。该图位置醒目，但是板块较小，一般以突出的文字吸引客户，其具体制作方法如下。

STEP 01 新建大小为160像素×200像素，分辨率为72像素/英寸，名为"毛巾160像素×200像素智钻图"的文件。选择"矩形工具" ，绘制110像素×200像素的矩形，并设置填充色为"#898989"，如图4-121所示。

扫一扫

制作160像素×200像素的智钻图

STEP 02 再次选择"矩形工具" ，在矩形的左侧绘制5像素×200像素的矩形，并设置填充色为"#dcdcdc"。完成后按住"Alt"键不放，向右拖动复制矩形，如图4-122所示。

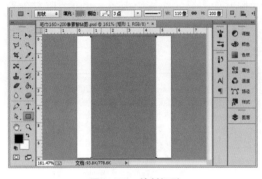

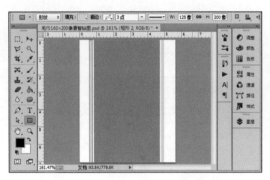

图4-121　绘制矩形　　　　　　　　　图4-122　绘制其他矩形并复制绘制的矩形

STEP 03 打开"彩色毛巾.jpg"图像文件（配套资源:\素材文件\第4章\彩色毛巾.jpg），将其拖动到图像下方；单击"添加图层蒙版"按钮 ▢，添加图层蒙版；选择"魔棒工具" ✦，在毛巾的空白处单击，创建选区，再按"Alt+Delete"组合键，填充前景色，快速隐藏背景区域，如图4-123所示。

STEP 04 按"Ctrl+J"组合键复制图层，再设置图层样式为"正片叠底"，如图4-124所示。

图4-123　创建图层蒙版　　　　　　　　　图4-124　设置图层样式

STEP 05 打开"树叶.psd"图像文件（配套资源:\素材文件\第4章\树叶.psd），将其拖动到图像中，选择"横排文字工具" T，在工具属性栏中设置字体为"方正兰亭特黑简体"，字号为"29点"，文字颜色为"#ffffff"，输入"6折包邮"，如图4-125所示。

STEP 06 打开"图层样式"对话框，在左侧单击选中"描边"复选框，设置大小为"2像素"，单击 确定 按钮，如图4-126所示。

STEP 07 使用相同的方法，在下方分别输入文字"抢""就""购""了""！"，设置字号为"32点"，再分别添加描边效果，如图4-127所示。

STEP 08 新建图层，设置前景色为"#000000"，选择"钢笔工具" ✎，沿着文字的外轮廓绘制如图4-128所示的形状，并按"Alt+Delete"组合键填充颜色。

STEP 09 保存图像并查看完成后的效果（配套资源:\效果文件\第4章\毛巾160像素×200像素智钻图.Psd）。

图4-125 输入"6折包邮"文字

图4-126 设置描边参数

图4-127 输入文字

图4-128 查看完成后的效果

3. 制作375像素×130像素的智钻图

375像素×130像素智钻图位于淘宝首页3屏通栏大banner中，该图位置相对于前面两个板块位置稍差，但是也属于热门板块。该板块可突出文字，也可重点突出图片。下面将继续制作毛巾智钻图，其具体操作如下。

扫一扫

制作375像素×130像素的智钻图

STEP 01 新建大小为375像素×130像素，分辨率为72像素/英寸，名为"毛巾375像素×130像素智钻图"的文件，打开"彩色毛巾2.jpg"图像文件（配套资源:\素材文件\第4章\彩色毛巾2.jpg），将其拖动到图像右侧。

STEP 02 选择"横排文字工具" T，在工具属性栏中设置字体为"文鼎ＰＯＰ-4"，字号为"30点"，文字颜色为"#5e5d5e"，输入"天猫暖动力"，如图4-129所示。

STEP 03 选择"直线工具" ，在工具属性栏中设置描边颜色为"#080103"，描边粗细为"1点"，在描边选项栏中设置描边样式为第二种虚线，完成后在文字的上方和下方分别绘制如图4-130所示的虚线。

STEP 04 选择"横排文字工具" ，在虚线的左右两边分别输入如图4-131所示的文字，并设置中文字体为"方正正中黑简体"，英文字体为"Baskerville Old Face"，完成后调整文字的大小和位置。

| 图4-129 输入文字 | 图4-130 绘制虚线 |

STEP 05 选择"圆角矩形工具" ，在工具属性栏中设置填充颜色为"#ff0000"，在虚线的下方绘制圆角矩形。完成后在圆角矩形的上方输入"立即抢购"文字，并设置字体为"文鼎POP-4"，如图4-132所示。

| 图4-131 输入虚线左右两侧的文字 | 图4-132 绘制圆角矩形并输入文字 |

STEP 06 选择"自定形状工具" ，在工具属性栏中设置填充颜色为"#ff0000"。在形状栏右侧的下拉列表中选择"箭头6"选项，在圆角矩形的右侧绘制箭头形状，如图4-133所示。

STEP 07 选择"直线工具" ，在工具属性栏中设置描边颜色为"#ff0000"，描边粗细为"2点"，在描边选项栏中设置描边样式为第二种虚线，完成后在左侧绘制一条垂直虚线，如图4-134所示。

STEP 08 保存图像并查看完成后的效果，如图4-135所示（配套资源:\效果文件\第4章\毛巾375像素×130像素智钻图.asd）。

图4-133 绘制箭头

图4-134 绘制垂直虚线

图4-135 查看完成后的效果

4.4 知识拓展

1. 常用的视频格式有哪些特点？

在会声会影中可根据输出视频的用途，将视频输出为不同格式。常用的视频格式的特点如下。

- AVI：AVI是将语音与影像组合在一起，对视频采用有损压缩方式的视频格式。图像质量较好，使用范围很广泛，但缺点是占用空间较大。

- MPEG：MPEG格式包括MPEG-1、 MPEG-2 和MPEG-4视频格式。MPEG-1主要应用于VCD，MPEG-2主要应用于DVD。MPEG-4是目前视频制作软件中应用最广泛的视频格式，多用于音频视频方面，目前大多数平台都支持该格式的播放。其优点是压缩效率高，占用空间小。

- MOV：MOV即QuickTime影片格式，也是较常用的格式。虽然MOV格式采用了有损压缩方式，但因QuickTime具有跨平台、存储空间小等特点，其画面效果比AVI格式的要稍微好一些，无论是进行本地播放还是作为视频流格式在网上播放，都是一种优良的视频编码格式。

- WMV：WMV文件可同时包含视频和音频部分，是微软推出的一种数字视频压缩格式。在同等视频质量的前提下，WMV格式占用的空间非常小，因此适合在网上播放与传输。

- **3GP**：在自定义条件下，可选择3GP格式。3GP为一种3G流媒体的视频编码格式，它主要在手机上使用。目前，支持视频拍摄的手机基本上都支持3GP格式视频的播放。

2. 怎样通过不同的主图来展示商品？

在计算机上编辑发布商品时，一般可以上传4~6张不同角度的主图。一般第一张主图，即默认在搜索页展示的主图，要求制作精美、突出卖点，以吸引客户点击。而剩余的几张主图则以白色背景为主，主要从正面、侧面、颜色、摆放效果等不同角度来展示商品的细节信息，帮助客户了解商品内容。

3. 怎样在宣传图中体现客户最在意的问题？

可以浏览商品评价，从中可以查找到很多有价值的东西，了解客户的需求和购买后遇到的问题等。从这些问题中找出商品的不足，从而有针对性地对这些问题进行解决。解决后，下次制作宣传图时，可将其以亮点的形式体现在宣传图中，这样不但能更好地抓住客户的心理，还能让宣传图更具有真实性。

4. 智钻投放的目的和策略主要有哪些？

智钻的投放，不是说投放即马上实施，要经过数据分析，进行投入产出比值计算后才能进行广告位的预定。制作智钻图时，要明确推广目的和策略，并对各种不同的推广策略进行掌握。下面分别进行介绍。

- **单品推广**：该推广适合热卖单品或是季节性单品。单品推广只是对一种商品进行推广，适合通过一种商品打造爆款，通过该爆款单品带动整个店铺的销量，还适用于需要长期引流，并不断提高单品页面转化率的情况。
- **活动店铺推广**：活动店铺推广主要适用于有一定活动运营能力的成熟店铺；或是需要短时间内大量引流的店铺，该店铺通过智钻引入店铺流量，从而提升店铺形象与人气。
- **品牌推广**：品牌推广主要用于需要明确品牌定位和品牌个性的商家，通过智钻推广吸引流量，打响品牌，为后期的推广增加人气。

4.5　课堂实训

↘ 4.5.1　实训一：制作灯具主图

【实训目标】

本实训中，要求制作的主图拥有流畅的线条和具有空间感的形状，从而让客户耳目一新。

【实训思路】

在制作时先制作主图背景，突出创意，再输入文字并添加素材。

STEP 01 新建大小为800像素×800像素，分辨率为72像素/英寸，名为"灯具主图"的文件。新建图层，在工具箱中选择"钢笔工具" ，在图像中绘制矩形，并填充为"#ffec00"。

STEP 02 设置前景色为"#ffd407"，选择"直线工具" ，在黑色部分绘制800像素×4像素的直线。栅格化图层，使用"画笔工具" ，对直线的两端进行涂抹，制作渐变线效果。

STEP 03 使用相同的方法，继续复制渐变线条，并进行变形与涂抹操作。

STEP 04 新建图层并设置前景色为"#ffec00"，在工具箱中选择"钢笔工具" ，在中间的三角形中绘制矩形，并填充颜色。

STEP 05 选择"横排文字工具" ，在三角形中输入并设置文字。

STEP 06 打开"灯具素材.psd"图像文件（配套资源:\素材文件\第4章\灯具素材.psd），选择其中的发光效果图层，将其拖动到"灯具主图"图像中，设置图层混合模式为"滤色"。

STEP 07 在"灯具素材.psd"中将桌子和台灯拖动到图像中，调整图像大小和位置，保存图像并查看完成后的效果，如图4-136所示（配套资源:\效果文件\第4章\灯具主图.psd）。

图4-136　灯具主图效果图

4.5.2　实训二：制作直通车推广图

【实训目标】

本实训要求制作一张以"促销活动"为主题的直通车推广图，注重的是对促销信息的描述，要在图片中尽量表现促销的吸引力（即各种促销手段），体现促销的主题（这里为"双11"），说明促销活动的时间等信息。

【实训思路】

STEP 01 新建大小为800像素×800像素，分辨率为72像素/英寸，名为"音箱直通车"的文件。设置前景色为"#6947f6"，按"Alt+Delete"组合键填充前景色，作为直通车推广图的背景。

STEP 02 新建图层，在工具箱中选择"钢笔工具" ，绘制不同的形状，并分别填充颜色为"#0126d6" "#adaaaa～#ffffff" "#fe0000～#920001"。

STEP 03 选择"自定形状工具" ，在工具属性栏中设置形状颜色为"#ffffff"，在左上角绘制雨滴形状，打开"图层样式"对话框，设置"渐变叠加"和"投影"图层样式。

STEP 04 打开"直通车素材.psd"图像文件（配套资源:\素材文件\第4章\直通车素材.psd），将"双11"标志拖动到水滴中。

STEP 05 选择"横排文字工具" T，在图层中输入文字，并添加不同的图层样式效果。

STEP 06 在工具箱中选择"圆角矩形工具" □，在红色文字下方绘制圆角矩形，再在最下方的文字处绘制矩形。

STEP 07 打开"音箱.psd"图像文件（配套资源:\素材文件\第4章\音箱.psd），将音箱拖动到图像中，调整图像大小和位置，保存图像并查看完成后的效果，如图4-137所示（配套资源:\效果文件\第4章\音箱直通车.psd）。

图4-137　音箱直通车推广图

第 5 章 制作首页

淘宝店铺首页是淘宝店铺形象的展示窗口，决定了店铺的风格，是引导客户、提高转化率的重要手段。其装修的好坏直接影响店铺品牌宣传、客户的购物体验，以及店铺的转化率。淘宝店铺首页主要由店招、轮播图片、优惠券、商品分类模块、宝贝陈列展示区和页尾模块等组成，每个部分起到的作用和使用方法都不相同。下面以家电店铺为例，对各个模块的制作方法进行详细介绍。

- 认识店铺首页
- 制作店铺店招
- 制作全屏轮播图
- 制作优惠券
- 制作分类模块
- 制作其他模块

本章要点

5.1　认识店铺首页

首页作为网店的门面，不但可提升客户对店铺的好感，还可增加商品的转化率。下面对首页设计的注意事项和店铺首页布局的要点进行讲解。

5.1.1　首页设计的注意事项

不是有了商品主图就完成了首页的制作，在首页的设计过程中，需要先了解设计的注意事项，再根据这些注意事项对首页进行设计。下面分别进行介绍。

- 店招的设计突显最新信息：客户在浏览店铺时较随意，所以商家不要想当然地认为客户能在繁杂的网页中找到店铺的优惠信息。这时店招就变得尤为重要，在店招中将促销信息体现出来，这样无论客户跳转到哪个页面，只要仍然停留在店铺中就能看到促销信息。
- 导航条设计彰显店铺个性：导航条主要对商品的信息起导航作用，默认的内容包括"所有宝贝""首页""店铺动态"等。商家可根据自己店铺的实际情况添加适合的导航按钮，如店铺刚上新冬装，即可以添加"冬装上新"导航；如店铺最近有新活动，可添加"近期活动"导航等。这样不但体现了商品信息，还能让客户对店铺有更多的了解。
- 店铺轮播海报设计：轮播海报多用于传递最新的商品信息、店铺最新优惠活动及店铺理念等。一张完美的店铺海报不仅可以彰显店铺的风格，还可以向客户传递最新的商品信息、最新优惠活动等，可谓一个功能齐全的首页配件。
- 宝贝陈列展示区的设计要多角度突显商品信息：宝贝陈列展示区的设计可以是多种多样的，需要注意的是，展示商品的时候应尽量避免出现重复的商品，设计人员不能仅凭自己的喜好多次展示同款商品，需要合理展示。
- 页尾与店招承上启下：页尾属于首页的结尾部分，在页尾中不但需要对首页进行总结，还可添加分类信息，使其与店招和导航条相对应，这样当需要重新浏览时才会更加方便。

5.1.2　店铺首页布局的要点

进行店铺首页布局时并非是将所有装修效果直接排放到店铺中，而是要根据自己店铺的风格、促销活动，以及客户的浏览模式、需求及行为来合理组合。总之，布局店铺首页时需要注意以下6个要点。

- 店铺风格一定程度上影响着店铺的布局方式，因此选择合适的店铺风格是进行店铺布局的前提。而店铺风格受品牌化、商品信息、目标客户、市场环境和季节等因素的影响，在选择店铺风格时必须考虑这些因素，这样风格才能和商品统一。
- 店铺的活动和优惠信息要放在非常重要的位置，如轮播海报或活动导航，这些板块中的内容设计要清晰、一目了然，并且可读性要强。
- 在商品推荐模块中推荐的爆款或新款不宜过多，此时可通过商品分类或商品搜索将客户流量引至相应的分类页面中。

- 收藏、关注和客服等互动性版面是商家与客户互动的销售利器，这些版面可以提高客户忠诚度，提高二次购买率，因此是必不可少的。
- 制作搜索或商品分类模块时，需要将商品分门别类，详细地列举出商品类目。这样将有助于客户搜索，或很快找到喜欢的类目及商品。
- 结构和商品系列要清晰明了，布局要错落有致，列表与图文搭配，以提升客户的视觉感受。

5.2　制作店铺店招

店招是店铺的招牌，是店铺品牌展示的窗口，也是客户对店铺第一印象的主要来源。鲜明有特色的店招对于商家店铺形成品牌具有不可替代的作用。就淘宝网而言，按尺寸大小，我们可以将店招分为常规店招和通栏店招两类。常规店招的尺寸为950像素×120像素，而通栏店招尺寸多为1920像素×150像素。在淘宝店铺中，常规店招用得相对较少，多采用通栏店招进行展示。下面将以通栏店招为例，先对店招的基础知识进行讲解，再对其制作方法进行介绍。

5.2.1　店招的设计原则

进行店招设计时，除了要突显最新信息，方便客户查看外，还应注重网店商品的推广，给客户留下深刻印象。因此，要求店招在设计上具有新颖别致、易于传播的特点，这就必须遵循两个基本原则：一是品牌形象的植入；二是把握商品定位。品牌形象的植入可以通过店铺名称、标志来展示，而商品定位则是指展示你的店铺卖的什么商品，精准的商品定位可以快速吸引目标消费群体进入店铺。图5-1中的店招1通过放大"爱尚正品电器"文案实现了商品的定位，而店招2并未出现"电器"文案，却通过放置店铺的电视商品来实现商品定位，不仅可让客户直观地看出卖的是什么商品，还能知道商品的大致样式，从而准确判断其是否为自己所需的商品。

图5-1　两种店招对比效果

5.2.2　确定店招与众不同的风格

店招的风格引导着店铺的风格，而店铺的风格很大程度上取决于店铺所经营的商品。一般而言，要求店招、商品、店铺风格具有统一性。图5-2中的"裂帛"店招效果，能给人带来强劲的自然风、民族风的感觉，设计上采用了突显民俗风情的花纹图案，并在字形和形状等元素上统一采用偏方正的风格，可体现服装的大气；"领跑虎"店招则以深蓝色背景为主，展示了男性沉稳、严肃的性格特征。店招在用色上需要考究，如护肤品商家为了彰显商品的天然，突出洁净、清透与水嫩，会较多使用绿色、蓝色等颜色，同时也会选择女性钟爱的粉色、紫色等。

图5-2　不同风格的店招

5.2.3　制作店铺Logo

扫一扫

制作店铺Logo

Logo是店招的一部分，在设计Logo时造型要美观，并能将店铺的信息展现在图像中，让客户看见Logo就知道该店铺的名称或所售卖的商品。本例将制作洗衣机店铺的Logo，要求不但要体现店铺的名称，还要有一定的创意。在制作时，先绘制Logo形状，再输入店铺文字，其具体操作如下。

STEP 01 选择【文件】/【新建】命令，打开"新建"对话框，在"名称"文本框中输入"店铺Logo"，在"宽度"和"高度"数值框中分别输入"160"和"160"，在其右侧的下拉列表中选择"像素"选项，在"分辨率"数值框中输入"72"，单击 确定 按钮，如图5-3所示。

STEP 02 在工具箱中选择"钢笔工具" ，在白色背景的上方绘制树叶形状，新建图层，按"Ctrl+Enter"组合键，创建选区，再将前景色设置为"#000000"，按"Alt+Delete"组合键，填充前景色，完成第一片树叶形状的绘制，如图5-4所示。

图5-3　新建图像文件

图5-4　绘制树叶形状

STEP 03 按"Ctrl+J"组合键，复制2个图层，选择"图层1 拷贝"图层，按"Ctrl+T"组合键，向下拖动，调整复制树叶的位置，并将图像向右旋转，使其呈如图5-5所示的位置显示，完成后按住"Ctrl"键不放，单击"图层1 拷贝"图层的缩略图，使其呈选区显示，再将前景色设置为"#ff0000"，按"Alt+Delete"组合键，填充前景色，完成第二片树叶形状的制作。

STEP 04 使用相同的方法，对复制的"图层1 拷贝2"图层进行移动与旋转，使三者呈相互呼应的效果，完成后将其填充为"#46a73e"颜色，如图5-6所示。

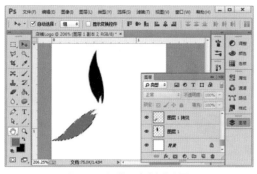

图5-5 调整红色树叶位置

图5-6 调整绿色树叶位置

STEP 05 再次选择"钢笔工具" ，在黑色树叶的右侧绘制小树叶形状，新建图层，按"Ctrl+Enter"组合键，创建选区，再将前景色设置为"#ff0000"，按"Alt+Delete"组合键，填充前景色，完成第一片小树叶形状的绘制，如图5-7所示。

STEP 06 使用相同的方法，绘制其他树叶，并分别填充为如图5-8所示的颜色，查看完成后的效果，选择绘制的所有图层，单击 按钮，链接图层。

图5-7 绘制小树叶

图5-8 绘制其他树叶

经验之谈：

　　该Logo呈一片大叶子的形状，其设计的目的主要是为了体现环保。树叶代表绿色，新型洗衣机则注重节能和环保，可与本店铺的主旨相呼应，再通过文字说明，不但能体现店铺内容，而且具有创新性。

STEP 07 双击"图层1"图层，打开"图层样式"对话框，单击选中"投影"复选框，在右侧设置不透明度、距离分别为"20%"和"4像素"，其他保持不变，单击 确定 按钮，如图5-9所示。

STEP 08 在图像编辑区查看添加图层样式后的效果，再次在"图层"面板中选择"图层1"图层，在其上单击鼠标右键，在弹出的快捷菜单中选择"拷贝图层样式"命令，复制图层样式。

STEP 09 在其他图层上单击鼠标右键，在弹出的快捷菜单中选择"粘贴图层样式"命令，将前面的图层样式粘贴到所有树叶的图层中，查看完成后的效果，如图5-10所示。

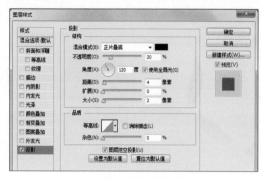
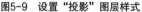

图5-9　设置"投影"图层样式

图5-10　复制图层样式

STEP 10 选择"横排文字工具" ，在图像的右下方输入如图5-11所示文字，并设置中文字体为"方正正中黑简体"，英文字体为"Script MT Bold"，完成后调整文字的大小和位置。

STEP 11 打开"阳光.psd"图像文件（配套资源:\素材文件\第5章\阳光.psd），将其拖动到图像中，调整大小和位置，完成后设置图层样式为"叠加"。

STEP 12 保存图像并查看完成后的效果，如图5-12所示（配套资源:\效果文件\第5章\店铺Logo.psd）。

图5-11　输入文字

图5-12　查看完成后的效果

5.2.4　制作通栏店招

通栏店招是淘宝店铺中运用最广泛的一种店招。该店招不但具有常规店招的基本信息，还能让导航条直接显示在店招中。下面将直接制作通栏店招，在制作时先输入店铺的文字内容，再将洗衣机图片添加到店招中，使其更加美观。其具体操作如下。

STEP 01 新建大小为1920像素×150像素，分辨率为72像素/英寸，名为"洗衣机店铺店招"的文件。选择"矩形选框工具" ，在工具属性栏中设置"样式"为"固定大小"，"宽度"为"485像素"；在文件灰色区域的左上角单击创建选区，从左侧的标尺上拖动参考线直到与选区右侧对齐，使用相同的方法在文件右侧创建参考线，如图5-13所示。

图5-13 创建参考线

STEP 02 打开"斜纹.psd"图像文件（配套资源:\素材文件\第5章\斜纹.psd），将其拖动到图像中。调整大小，使其铺满整个区域，再在"图层"面板中设置纹理的不透明度为"40%"。

STEP 03 打开"店铺Logo.jpg"图像文件（配套资源:\素材文件\第5章\店铺Logo.jpg），将其拖动到图像左侧；打开"图层"面板，单击 按钮，创建图层组；双击创建的图层组，使其呈可编辑状态，在其中输入"Logo"，并将图像中Logo的图层移动到图层组中，如图5-14所示。

STEP 04 选择"直线工具" ，设置填充颜色为"#8e8989"，在Logo的右侧绘制2像素×100像素的竖线，如图5-15所示。

图5-14 添加并编辑Logo图层

图5-15 绘制竖线

STEP 05 选择"横排文字工具" ，在工具属性栏中设置字体为"方正韵动粗黑简体"，字号为"25点"，文字颜色为"#5f5c5c"，输入"S.M洗衣机旗舰店"文字。

STEP 06 选择"圆角矩形工具" ，在工具属性栏中设置填充颜色为"#e60012"，在文字的下方绘制120像素×30像素的圆角矩形。

STEP 07 选择"横排文字工具" ，在工具属性栏中设置字体为"方正韵动粗黑简体"，字号为"19点"，文字颜色为"#ffffff"，在圆角矩形中输入"收藏"文字，如图5-16所示。

STEP 08 选择"自定形状工具" ，在工具属性栏中设置填充颜色为"#ffffff"，在形状栏右侧的下拉列表中选择"红心形卡"选项，在"收藏"文字的左侧绘制心形，如图5-17所示。

图5-16 绘制圆角矩形并输入文字

图5-17 绘制心形

STEP 09 打开"洗衣机素材.psd"图像文件（配套资源:\素材文件\第5章\洗衣机素材.psd），将其中的洗衣机素材分别拖动到图像中，调整各素材的位置和大小。

STEP 10 选择"自定形状工具" ，在工具属性栏中设置填充颜色为"#ff0000"，在形状栏右侧的下拉列表中选择"思索2"选项，在洗衣机图像的左上角绘制形状，并在其上添加如图5-18所示的文字，并设置字体为"方正韵动粗黑简体"，字号为"12点"，文字颜色为"#ffffff"。

图5-18　添加形状并输入文字

STEP 11 再次使用"横排文字工具" ，输入如图5-19所示的文字，并设置中文字体为"方正准圆简体"，数字字体为"Bernard MT Condensed"，调整大小和位置，并将数字的颜色更改为"ff0000"，完成后调整其位置，使其布局更加合理。

图5-19　输入其他文字

STEP 12 选择一个数字图层，在其上双击鼠标，打开"图层样式"对话框。单击选中"投影"复选框，在右侧设置不透明度、距离分别为"50%"和"1像素"，其他保持不变，单击 确定 按钮，如图5-20所示。

STEP 13 完成后拷贝该图层样式，分别粘贴到其他数字图层和洗衣机图层中，使其形成投影效果，如图5-21所示。

图5-20　设置投影参数

图5-21　复制图层样式

STEP 14 新建图层，选择"矩形选框工具" ，在工具属性栏中设置宽度为"1920像素"，高度为"30像素"，在图像下面的灰色区域单击创建选区，新建图层，将新建的图层填充为"#000000"颜色。

STEP 15 选择"横排文字工具" **T.** ，在工具属性栏中设置字体为"方正中倩简体"，字号为"18点"，文字颜色为"白色"。在导航条上依次输入如图5-22所示的文本，并在每个文本的左、右侧绘制白色竖线。

图5-22 输入导航文字

STEP 16 在导航文本下方新建图层，选择"矩形选框工具" **□.** ，在"店长推荐"的上方绘制矩形选区，并填充为"#f3002e"颜色。

STEP 17 删除"店长推荐"左右两侧的竖线，并选择【视图】/【显示】/【参考线】命令，隐藏参考线。保存文件，完成通栏店招的制作，如图5-23所示（配套资源:\效果文件\第5章\洗衣机店铺店招.psd）。

图5-23 完成后的效果

5.3 制作全屏轮播图

　　全屏轮播图是一种可以覆盖整个屏幕并轮流播放海报的图片，具有高端、大气的特点，常被用于店铺首页中。全屏轮播图是店铺的重要部分，商家不仅可以通过全屏轮播图缩短页面的长度，还可以重点强调主推商品，起到促销的作用。下面分别介绍全屏轮播图的设计要点和制作方法。

5.3.1 全屏轮播图的设计要点

　　全屏轮播图是多张循环播放的全屏海报。要使轮播图片达到美观、吸引客户注意力的效果，就要对每张全屏海报的主题、构图和配色等进行综合考虑，下面分别进行介绍。

- 主题：无论是新品上市还是活动促销，海报中的主题都需要围绕一个方向，并确定对应的轮播图效果。一般情况下，海报主题通过商品和文字描述来体现。将描述提炼成简洁的文字，并将主题放在海报的第一视觉点，能够让客户直观地看到出售的商品。然后根据商品和活动选择合适的背景。在编辑文案时，文案的字体不要超过3种，建议用稍大或个性化的字体突出主题和商品的特征，如图5-24所示。

- 构图：构图直接影响着海报的效果，主要分为左右构图、左中右三分式构图、上下构图、底面构图和斜切构图5种。图5-25所示为左中右三分构图。

图5-24　体现主体

图5-25　左中右三分构图

● **配色**：海报不但需要进行主题和构图的选择，还需要统一一色调。在配色时，对重要的文字信息用突出、醒目的颜色进行强调，通过明暗对比以及不同颜色的搭配来确定对应的风格。其背景颜色应该统一，不要使用太多的颜色，以免页面杂乱。图5-26所示为比较漂亮的配色效果。

图5-26　色调统一，文字突出

5.3.2　制作首张全屏海报图

扫一扫

制作首张全屏海报图

　　洗衣机店铺与其他店铺不同，主要是为了展示不同洗衣机的性能，通过性价比吸引客户。本例将制作现代风格的洗衣机海报，为了体现简约性和实用性，制作的海报没有过多的装饰。其具体操作如下。

STEP 01 新建大小为1920像素×540像素，分辨率为72像素/英寸，名为"首张洗衣机全屏海报图"的文件。

STEP 02 打开"风景.jpg"图像文件（配套资源:\素材文件\第5章\风景.jpg），将其拖动到图像中，调整大小和位置。

STEP 03 选择"矩形工具" ，在工具属性栏中设置填充颜色为"#dddfde"，在图像编辑区绘制1380像素×420像素的矩形，并将其放于背景的后方。

STEP 04 选择绘制的矩形，按"Ctrl+T"组合键变换图像，在其上单击鼠标右键，在弹出的快捷菜单中选择"扭曲"命令，对矩形的4个点进行调整，使墙面更加完整。完成后选择矩形和背景图层，将其链接在一起，如图5-27所示。

STEP 05 打开"装饰素材.psd"图像文件（配套资源:\素材文件\第5章\装饰素材.psd），将其中的素材依次拖动到图像中，调整大小和位置。

STEP 06 打开"毛巾和玫瑰花.psd"图像文件（配套资源:\素材文件\第5章\毛巾和玫瑰花.psd），将毛巾放于洗衣机图层的上方，并放大显示，完成后将玫瑰花放于毛巾的上方，并将花瓣图层放于洗衣机图层的下方，使其能更好地展示效果，如图5-28所示。

图5-27　制作背景

图5-28　依次添加素材

STEP 07 在工具箱中选择"横排文字工具" T,，在工具属性栏中设置字体为"汉仪雅酷黑W"，字号为"100点"，颜色为"#000000"，输入文字"电器新势力"，如图5-29所示。

STEP 08 打开"图层样式"对话框，在左侧单击选中"渐变叠加"复选框，在右侧面板中设置渐变颜色为"#00ccef~#2796ff"，其他参数保持不变，完成后单击 **确定** 按钮，如图5-30所示。

图5-29　输入文字

图5-30　设置渐变颜色

STEP 09 再次选择"横排文字工具" T,，在文字下方输入"焕新大战，不洗不痛快"文字，并设置字体为"Adobe 黑体 Std"，字号为"23点"，如图5-31所示。

STEP 10 选择"直线工具" ，，在文字的左右两侧依次绘制一条粗细为"1像素"的直线，使其更加美观。

STEP 11 选择"圆角矩形工具" ，，在文字的下方绘制430像素×40像素的圆角矩形，然后将"电器新势力"图层的图层样式复制到绘制的圆角矩形图层中，使其形成与上方文字相同的渐变效果，再在圆角矩形的上方输入如图5-32所示的文字，并设置字体为"Adobe 黑体Std"，字号为"28点"。

图5-31　输入文字并绘制直线

图5-32　绘制圆角矩形

STEP 12 按"Shift+Ctrl+Alt+E"组合键盖印图层，在"调整"面板中单击▥按钮，在打开的"色阶"面板中，设置调整值分别为"0""1.06""240"，如图5-33所示。

STEP 13 在"调整"面板中单击▥按钮，打开"色相/饱和度"面板，在"预设"下方的下拉列表中选择"红色"选项，在下方设置饱和度为"+38"；再在"预设"下方的下拉列表中选择"蓝色"选项，设置色相和饱和度分别为"+64""+5"，如图5-34所示。

图5-33　调整色阶参数　　　　　　　　　图5-34　调整色相/饱和度

STEP 14 保存文件并查看完成后的效果，如图5-35所示（配套资源\效果文件\第5章\首张洗衣机全屏海报图.psd）。

图5-35　查看完成后的效果

5.3.3　制作第二张全屏海报图

在全屏轮播图中，常常需要制作多张海报图来展现不同风格的效果。下面将制作其他风格的洗衣机全屏海报图。在制作时，还需要通过光晕与洗衣机的搭配，体现洗衣机的展现效果，最后通过文字的说明，对洗衣机进行简单的描述。其具体操作如下。

STEP 01 新建大小为1920像素×540像素，分辨率为72像素/英寸，名为"第二张洗衣机全屏海报"的文件。打开"背景.jpg"图像文件（配套资源\素材文件\第5章\背景.jpg），将其拖动到页面中，调整大小和位置。

STEP 02 打开"海报洗衣机素材.psd"图像文件（配套资源\素材文件\第5章\海报洗衣机素材.psd），将其拖动到页面右侧，调整大小和位置，如图5-36所示。

STEP 03 在工具箱中选择"矩形工具"▭，在工具属性栏中设置填充颜色为"#081d2f"，在洗衣机左侧绘制"420像素×460像素"的矩形，并设置不透明度为"60%"。

STEP 04 选择"横排文字工具" T，在矩形的上方输入"店铺热销"文字，并在工具属性栏中设置字体为"思源黑体 CN"，字号为"86点"，颜色为"#2797ff"。

STEP 05 在文字下方继续输入"智能变频滚筒洗衣机"文字，并在工具属性栏中设置字体为"思源黑体 CN"，字号为"26点"，颜色为"#ffffff"，完成后在"字符"面板中设置其间距为"442"。

STEP 06 选择"直线工具" /，在文字的下方绘制330像素×3像素的直线。

STEP 07 在直线下方继续输入"Intelligent inverter washing machine"文字，在"字符"面板中，设置字体为"Algerian"，字号为"16点"，颜色为"#ffffff"。完成后单击 TT 按钮，使英文字母大写显示，如图5-37所示。

图5-36 添加素材

图5-37 添加文字

STEP 08 选择"椭圆工具" ○，在文字的下方绘制3个80像素×80像素的圆，并设置填充颜色为"#2797ff"，完成后调整大小和位置。

STEP 09 打开"海报洗衣机素材.psd"图像文件，将其中的小图标拖动到圆的上方，并居中显示。

STEP 10 选择"横排文字工具" T，在圆的下方分别输入"远程遥控""云智能""定时启停"文字，并在工具属性栏中设置字体为"思源黑体 CN"，字号为"17点"，颜色为"#ffffff"，如图5-38所示。

STEP 11 按"Shift+Ctrl+Alt+E"组合键盖印图层，并设置图层样式为"叠加"。

STEP 12 打开"光晕.jpg"图像文件（配套资源:\素材文件\第5章\光晕.jpg），将其拖动到图像中。调整光晕位置，并设置图层样式为"滤色"。保存文件并查看完成后的效果，如图5-39所示（配套资源:\效果文件\第5章\第二张洗衣机全屏海报.psd）。

图5-38 添加小图标并输入文字

图5-39 查看完成后的效果

5.4 制作优惠券

淘宝优惠券是客户在淘宝购买商品或参加其他活动时，淘宝商家发放给客户的、可用来抵现金的票券。其获取途径和规则多种多样。优惠券一般位于店铺首页，客户进入店铺即可自行领取，或在购物车中领取。优惠券是淘宝店铺常用的促销手段，也是一种网店推广方式和吸引客户二次消费的策略。若商家开通了店铺优惠券功能，则可对优惠券进行个性化的设计。下面将对优惠券的设计方法进行介绍。

5.4.1　优惠券的设计要点

优惠券一般位于首页，但其展示的信息有限。一张完整的优惠券除了优惠面额，还需要有很多信息，这些信息一般在客户点击领取后才会显示。在设计优惠券时，需要注意优惠券的设计要点，如使用范围、使用条件、有效时间、张数等信息。下面分别进行介绍。

- 优惠券的使用范围：明确使用的店铺，以及使用方式是全店通用，还是只可在店内的单款、新品或者某系列商品上使用，以此限定消费的对象，起到引导店铺流量走向的作用。
- 优惠券的使用条件：如全场购物满168元可以使用10元优惠券、满288元可以使用20元优惠券。限制优惠券的使用条件，在刺激客户消费的同时可以最大限度地保证利润空间。
- 优惠券的使用时间限制：一般情况下，如果店铺是短期推广，应当限定优惠券的使用日期。一般设置优惠券的到期时间与消费周期相近为宜，该周期一般为1个月。但是，若是开展促销活动，那么优惠券的使用时间也将是对应的促销天数。限制使用时间可以让客户产生过期浪费的心理，可以提高客户的使用率。
- 设置使用张数限制：如"每笔订单限用一张优惠券"，可以限制折上折的情况出现。
- 优惠券的最终解释权：如"优惠券的最终解释权归本店所有"，这在一定程度上保留了法律上的权力，以避免后期活动执行中出现不必要的纠纷。

5.4.2　制作店铺优惠券

扫一扫

制作店铺优惠券

下面将制作一张洗衣机店铺的全店通用优惠券。在设计时，先确定优惠券的内容，再进行形状的绘制，使其具有美感。其具体操作如下。

STEP 01 新建大小为950像素×130像素，分辨率为300像素/英寸，名为"优惠券"的文件。在左侧的标尺栏中单击并向右拖动，拖出一条参考线，将参考线拖动到如图5-40所示的位置后，释放鼠标即可完成参考线的添加。使用相同的方法完成其他参考线的添加。

图5-40　添加参考线

STEP 02 选择"矩形工具" ▣，在工具属性栏中设置填充颜色为"#1d80dc"，在图像编辑区沿着参考线绘制300像素×110像素的矩形。

STEP 03 再次选择"矩形工具" ▣，在工具属性栏中设置填充颜色为"#535252"，在蓝色矩形的上方绘制220像素×110像素的灰色矩形，如图5-41所示。

STEP 04 选择"椭圆工具" ○ ，绘制一个直径为10像素，颜色为"#f4e309"的圆。选择绘制的圆，按住"Alt"键不放复制圆，沿着两矩形的交叉线处进行排列，使其形成有规律的弧线，如图5-42所示。

图5-41 绘制两个矩形　　　　　　　　　　图5-42 绘制小圆

STEP 05 在"图层"面板中选择所有图层，单击 ⑤ 按钮，对图层进行链接操作。选择"竖排文字工具" ⅠT ，在工具属性栏中设置字体为"黑体"，字号为"5点"，在蓝色矩形中输入"立即领取"，如图5-43所示。

STEP 06 选择"自定形状工具" ⚑ ，在工具属性栏中设置填充颜色为"#ffffff"，在形状栏右侧的下拉列表中选择"箭头2"选项，在"立即领取"文字的左侧绘制形状，如图5-44所示。

 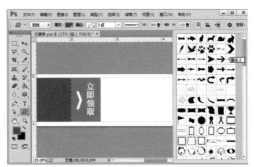

图5-43 链接图层并输入文字　　　　　　　图5-44 绘制形状

STEP 07 选择"横排文字工具" Ｔ ，设置文字颜色为"#ffffff"，在黄色部分输入如图5-45所示的文字，设置字体为"黑体"，并根据需要调整文字大小，查看完成后的效果。

STEP 08 在"图层"面板中单击 ▢ 按钮新建组，并双击新建的组，使其呈可编辑状态。在其中输入"优惠券1"，依次将图层拖动到组中，避免在拖动过程中修改图形，如图5-46所示。

图5-45 输入其他文字　　　　　　　　　　图5-46 创建组

STEP 09 使用"移动工具"选择绘制的所有图形，按住"Alt"键不放，向右拖动，复制其他优惠券，完成后修改图像中的金额，保存图像，并查看完成后的效果（配套资源:\效果文件\第5章\优惠券.psd），如图5-47所示。

图5-47　查看完成后的效果

5.5　制作分类模块

分类模块是引导客户购买的重要模块，而系统自带的分类模块只能以文本形式显示，比较单一。若商家花些心思，则可以制作出更加美观并且更加匹配店铺活动和特色的商品分类图片。下面对分类模块的设计要点和制作方法进行介绍。

5.5.1　分类模块的设计要点

在制作分类模块时，为了将分类的作用发挥到极致，需要从店铺的装修风格、分类图像的大小和分类方式等方面入手。下面分别对其进行介绍。

- 若店铺已经有装修风格，则商品分类模块的设计风格必须与店铺的装修风格相统一。
- 商品分类中，分类名称必不可少，可以是中文，也可以是英文。可以根据需要添加分类图标，因为添加分类图标后更易于客户查看。
- 横向商品分类的图片宽度应控制在950像素以内；纵向商品分类的图片宽度不宜超过160像素，若超过该宽度，当显示器分辨率小于或等于1024像素×768像素时，将导致商品分类栏右边的商品列表下沉，从而影响店铺的美观。
- 商品分类不宜太长，可根据商品分类添加子分类，以便于客户浏览。

5.5.2　分类模块的制作

分类模块是店铺首页中最常见的模块。本例中，在制作洗衣机店铺分类模块时，先使用不同颜色的矩形进行布局，然后通过布局将图片、文本组合起来，设计出分区清晰、美观大气的分类模块。其具体操作如下。

STEP 01 新建大小为950像素×650像素，分辨率为72像素/英寸，名为"洗衣机店铺分类模块"的文件。选择"矩形工具"，设置前景色为"#a0a0a0"，在图像编辑区绘制大小为"400像素×530像素"的矩形，如图5-48所示。

STEP 02 使用相同的方法，绘制其他矩形，如图5-49所示。

STEP 03 打开"图片4.jpg"图像文件（配套资源:\素材文件\第5章\图片4.jpg），将其拖动到左上角矩形的上方。选择该图层，在其上单击鼠标右键，在弹出的快捷菜单中选择"创建剪贴蒙版"命令，将图像嵌入矩形，如图5-50所示。

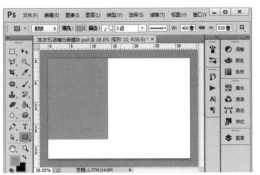

图5-48　绘制矩形

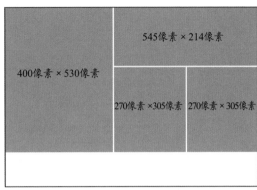

图5-49　绘制其他尺寸的矩形

STEP 04 打开"图片1.jpg"~"图片3.jpg"图像文件（配套资源:\素材文件\第5章\图片1.jpg~图片3.jpg），使用相同的方法，分别对其创建剪贴蒙版，如图5-51所示。

图5-50　创建剪贴蒙版

图5-51　添加其他图片

STEP 05 选择"矩形工具" ，设置前景色为"#ffffff"，在右上角图像的中间区域绘制545像素×65像素的矩形，并设置不透明度为50%，效果如图5-52所示。

STEP 06 使用相同的方法，在下方的两个图像中分别绘制270像素×70像素的矩形，并设置不透明度为50%，效果如图5-53所示。

图5-52　绘制矩形并设置不透明度

图5-53　绘制其他矩形

STEP 07 选择"横排文字工具" T，在工具属性栏中设置字体为"微软雅黑"，在绘制的矩形上方输入文本，并调整文字大小，如图5-54所示。

STEP 08 选择"圆角矩形工具" ，在"NEW-12月新品区"文字的右侧绘制90像素×25像素的圆角矩形，并设置填充颜色为"#ff0000"，如图5-55所示。

图5-54 在矩形上方输入文字

图5-55 绘制红色圆角矩形

STEP 09 选择"横排文字工具" T，在工具属性栏中设置字体为"微软雅黑"，字号为"14点"，在圆角矩形的上方输入"点击进入"文本，如图5-56所示。

STEP 10 选择"自定形状工具" ，在工具属性栏中设置填充颜色为"#ffffff"，在形状栏右侧的下拉列表中选择"红心形卡"选项，在"点击进入"文字的左侧绘制爱心形状，如图5-57所示。

图5-56 输入"点击进入"图标文字

图5-57 绘制爱心形状

STEP 11 将"点击进入"图标所用到的图层链接起来。选择链接后的图层，按住"Alt"键不放，向下拖动复制图标，并将其移动到下方文字的右侧，完成后的效果如图5-58所示。

STEP 12 新建图层，设置前景色为"#ff0000"，选择"钢笔工具" ，在左上角绘制形状，按"Ctrl+Enter"组合键转换为选区，按"Alt+Delete"组合键填充颜色。

STEP 13 选择"横排文字工具" T，在工具属性栏中设置字体为"方正兰亭中黑_GBK"，字号为"18点"，颜色为"#ffffff"，在形状上输入"Hot"文本，如图5-59所示。

STEP 14 选择"矩形工具" ，设置前景色为"#535252"，在图像左下角绘制925像素×160像素的矩形，并设置不透明度为"80%"。

图5-58 复制"点击进入"图标

图5-59 绘制形状并输入文字

STEP 15 再次使用横排文字工具输入"2017年"，设置字体为"Freehand471 BT"，再输入"爆款"，并将字体更改为"方正韵动粗黑简体"，调整文本大小与位置，如图5-60所示。

STEP 16 在"2017年"和"爆款"文字的中间绘制大小为145像素×40像素，颜色为"ff0000"的圆角矩形，并在矩形上方输入"点击进入"，并设置字体为"方正兰亭中黑_GBK"，颜色为"#ffffff"。完成后使用前面的方法，在文字的左侧绘制爱心形状。

STEP 17 在"点击进入"图标的下方继续输入文字，并设置字体为"方正粗宋简体"，字号为"18点"，如图5-61所示。

图5-60 输入文字

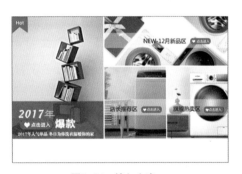

图5-61 输入文字

STEP 18 打开"洗衣机小图.psd"图像文件（配套资源:\素材文件\第5章\洗衣机小图.psd），将其拖动到最下方，调整各个板块的位置。

STEP 19 选择"横排文字工具" ，在各个小图的下方输入如图5-62所示的文字，并设置字体为"微软雅黑"，字号为"20点"，加粗显示。

STEP 20 在右侧的空白区输入"All Products 所有宝贝"。设置中文字体和颜色分别为"微软雅黑" "#fffafa"，英文字体为"Arial"，调整文本大小与位置。

STEP 21 选择"矩形工具" ，在"所有宝贝"下方绘制颜色为"#535252"和"#eeeeee"的矩形作为底纹。

STEP 22 保存图像并查看完成后的效果，如图5-63所示（配套资源:\效果文件\第5章\洗衣机店铺分类模块.psd）。

图5-62　添加小图标并输入文字

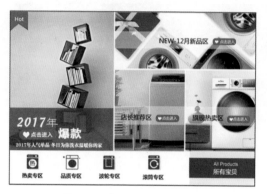

图5-63　查看完成后的效果

5.6　制作其他模块

在制作店铺首页的过程中，除了前面介绍的4大模块外，还包括商品促销展示模块和页尾模块等。其中，商品促销展示模块主要用于展示商品，页尾模块则位于首页的底部，主要起着辅助功能。下面讲解商品促销展示模块和页尾模块的制作方法。

5.6.1　制作商品促销展示模块

商品促销展示模块常在分类模块的下方，主要用于展现不同类型的商品。该模块是店铺首页中商品数量最多的区域，商家可向客户直接推广店铺中的单品，引导消费。本例中的商品促销展示模块只是首页中的一个板块，主要用于介绍12月新品。在制作该板块时，先要制作横幅海报，再在海报的下方分别制作用于展示的新品洗衣机。其具体操作如下。

STEP 01 新建大小为1920像素×2150像素，分辨率为72像素/英寸，名为"洗衣机店铺商品促销模块"的文件。使用前面的方法，创建商品促销模块的辅助线，使中间位置显示出来。

STEP 02 使用"矩形工具" 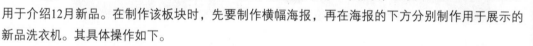，在页面最上方分别绘制颜色为"#eeeeee"，大小为1430像素×540像素和485像素×540像素的矩形。

STEP 03 打开"背景2.jpg"和"背景3.jpg"图像文件（配套资源:\素材文件\第5章\背景2.jpg、背景3.jpg），将其拖动到两个矩形的上方，调整大小和位置，再为其创建剪贴蒙版，如图5-64所示。

STEP 04 选择"矩形工具" ，在工具属性栏中设置填充颜色为"#ded6c9"，在两张图片的中间绘制大小为450像素×540像素的矩形，如图5-65所示。

图5-64　绘制矩形并添加素材

STEP 05 双击矩形图层，打开"图层样式"对话框，单击选中"投影"复选框，在右侧设置不透明度、角度、距离和大小分别为"26%""-117度""27像素""30像素"，单击 确定 按钮，如图5-66所示。

图5-65　绘制矩形

图5-66　设置投影

STEP 06 选择"横排文字工具" T ，在矩形中输入文字，并设置字体为"微软雅黑"，调整文字大小和位置，并将"1？？8"文字颜色修改为"#fe1244"。

STEP 07 选择"圆角矩形工具" ，在文字的下方绘制190像素×55像素的圆角矩形，并设置填充颜色为"#fe0338"。选择"横排文字工具" T ，在工具属性栏中设置字体为"微软雅黑"，字号为"28点"，在圆角矩形的上方输入"点击进入"文本。

STEP 08 选择"自定形状工具" ，在工具属性栏中设置填充颜色为"#ffffff"，在形状栏右侧的下拉列表中选择"红心形卡"选项，在"点击进入"文字的左侧绘制爱心形状，如图5-67所示。

STEP 09 打开"单个洗衣机素材.psd"图像文件（配套资源:\素材文件\第5章\单个洗衣机素材.psd），选择带衣服的洗衣机，将其拖动到图像中，调整大小和位置，查看其效果，如图5-68所示。

图5-67　输入文字并绘制形状

图5-68　查看海报完成后的效果

STEP 10 选择"矩形工具"▣，沿着辅助线在海报下方绘制颜色为"#ffffff"，大小为950像素×1300像素的矩形，如图5-69所示。

STEP 11 双击该图层，打开"图层样式"对话框。单击选中"投影"复选框，在右侧设置不透明度、角度、距离和大小分别为"25%""-117度""32像素""54像素"，单击 确定 按钮，如图5-70所示。

图5-69　绘制白色矩形

图5-70　设置投影

STEP 12 选择"矩形工具"▣，在白色矩形上方绘制颜色为"#535353"，大小为950像素×50像素的矩形。

STEP 13 选择"直线工具"╱，在矩形的两头绘制两条颜色为"#ffffff"，大小为250像素×5像素的直线。

STEP 14 在直线中间的空白处输入"12月新品 ——New products"文字。在"字符"面板中，设置字体为"方正兰亭中黑-GBK"，字号为"25点"，颜色为"#ffffff"，完成后单击 TT 按钮，使英文字母大写显示，再单击 T 按钮使文字加粗显示，如图5-71所示。

图5-71　绘制导航条

STEP 15 选择"矩形工具"▣，在工具属性栏中设置填充颜色为"#ffffff"，并设置描边颜色为"#080103"。在导航条的下方绘制两个大小为582像素×341像素、322像素×295像素的矩形，并使其重叠显示。

STEP 16 打开"洗衣机图片 5.jpg"图像文件（配套资源:\素材文件\第5章\洗衣机图片5.jpg），将其拖动到图像中，调整大小和位置，查看完成后的效果，如图5-72所示。

STEP 17 选择"横排文字工具"T，在矩形中输入文字，并设置字体为"方正兰亭中黑-GBK"，调整文字大小和位置，并将"1598"文字颜色修改为"#fe1244"。

STEP 18 复制"点击进入"图标，将其移动到"1598"文字下方，缩小图标使其符合该板块的大小，如图5-73所示。

图5-72 绘制矩形并插入图片

图5-73 输入文字并复制图标

STEP 19 选择"横排文字工具" T，在矩形中输入如图5-74所示文字，并设置字体为"Adobe 黑体 Std"，调整文字大小和位置，并将图像的位置整体向右调整，使其显示得更加完整。

图5-74 输入其他文字并调整整个画面的位置

STEP 20 选择"矩形工具" □，在页面最下方绘制颜色为"#dcdcdc"，大小为940像素×665像素和290像素×332像素的5个矩形，如图5-75所示。

STEP 21 打开"洗衣机图片1.jpg"～"洗衣机图片4.jpg""背景4.jpg"图像文件（配套资源:\素材文件\第5章\洗衣机图片1.jpg～洗衣机图片4.jpg、背景4.jpg），将其拖动到5个矩形的上方，调整大小和位置，再将其置入矩形中，为其创建剪贴蒙版，如图5-76所示。

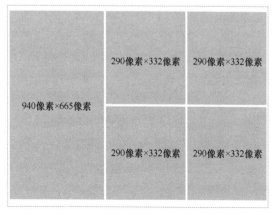

图5-75 绘制5个矩形

图5-76 对矩形添加图片

STEP 22 打开"单个洗衣机素材.psd"图像文件（配套资源:\素材文件\第5章\单个洗衣机素材.psd），选择洗衣机，将其拖动到图像中，调整大小和位置。

STEP 23 选择"矩形工具" ⬜，在洗衣机的上方绘制颜色为"#dcdcdc"，大小为350像素×165像素的矩形，并设置不透明度为"50%"，如图5-77所示。

STEP 24 选择"横排文字工具" T，在矩形中输入文字，并设置字体为"Adobe 黑体Std"，调整文字大小和位置。

STEP 25 复制"点击进入"图标，将其移动到文字下方，缩小图标使其符合该板块的大小，如图5-78所示。

图5-77　添加图片并绘制矩形

图5-78　添加"点击进入"图标

STEP 26 保存图像并查看完成后的效果，如图5-79所示（配套资源:\效果文件\第5章\洗衣机店铺商品促销模块.psd）。

图5-79　查看完成后的效果

经验之谈:

除了单独设计促销模块，还可直接使用淘宝装修中自带的自定义模块进行创建，但模块样式比较单一，不够美观。

5.6.2 制作首页页尾

页尾位于店铺的最后一屏，一般用于放置店铺的收藏区、手机店铺的二维码、礼品或一些抽奖活动、购物须知和店铺公告等内容。其目的在于加强品牌记忆，给客户购物带来安全感，希望客户再次光临。下面将从客户浏览店铺的便利度与购物常见问题出发，对洗衣机店铺的页尾模块进行设计。在设计时应主要以文字描述为主，通过简单的分割线使其变得美观。其具体操作如下。

STEP 01 新建大小为950像素×200像素，分辨率为72像素/英寸，名为"页尾"的文件。选择"直线工具" ✎，在工具属性栏中设置描边颜色为"#a0a0a0"，描边粗细为"2点"，选择如图5-80所示的虚线样式，单击 更多选项... 按钮。

STEP 02 在打开的"描边"对话框中设置间隙为"2.7"，单击 确定 按钮，如图5-81所示。

图5-80 选择直线样式

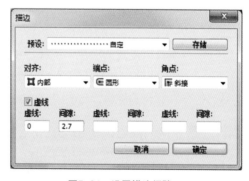

图5-81 设置描边间隙

STEP 03 按住"Shift"键绘制水平和垂直虚线。绘制完成后，在工具属性栏中选择实线样式，设置填充色为"#898989"，在最下方绘制实线。

STEP 04 选择"横排文字工具" T，设置字体为"微软雅黑"，依次输入"温馨提示""关于快递"等文本，调整文本的大小、颜色和位置，并将标题文本加粗，如图5-82所示。

STEP 05 选择"矩形工具" ▣，设置填充色为"#c5c5c5"，绘制大小为73像素×90像素的灰色矩形，按住"Alt"键不放，向右拖动复制绘制的矩形，并将矩形颜色更改为"#ff0200"，如图5-83所示。

图5-82　绘制虚线并输入文字

STEP 06 通过鼠标右键栅格化灰色矩形，选择"多边形套索工具" ，在左上角创建选区，按"Delete"键删除选中的内容，如图5-84所示。

图5-83　绘制不同颜色的矩形

图5-84　删除选中的矩形内容

STEP 07 选择"多边形工具" ，在工具属性栏中设置填充色为白色，边为"5"。单击 按钮，在打开的下拉列表中单击选中"星形"复选框，设置缩进依据为"50%"，拖动鼠标在灰色图形上方绘制星形，如图5-85所示。

STEP 08 将前景色设置为白色，选择"横排文字工具" ，输入文本，设置字体为"微软雅黑"，加粗"收藏""TOP"文本，将"TOP"字体更改为"Agency FB"，调整文本大小，输入">"并将其旋转"-90°"，如图5-86所示。

图5-85　绘制星形

图5-86　输入文字

STEP 09 保存文件，完成页尾的制作，如图5-87所示（配套资源:\效果文件\第5章\页尾.psd）。

图5-87　完成后的效果

5.7 知识拓展

1. 怎么选择Logo素材？

不是什么素材都可作为Logo素材的，在选择时可先对自己的店铺进行定位，确定店铺的主要类型，再确定店铺的名称。若这几方面都不确定，那么选择素材将显得盲目。当这些都确定后，可根据这些要求，进行Logo素材的收集。收集一定量的素材后，可先罗列素材的优点，再根据需要进行Logo的设计与制作。

2. 怎么应用淘宝自带的模板？

进入"卖家中心"，单击"店铺装修"超链接，进入"店铺装修"页面；单击"模块"选项卡，在打开的面板中选择需要的模块；按住鼠标左键不放，将其拖动到需要添加模块的位置即可完成模块的添加；单击模块中的 ✎编辑 按钮，可进行模块的设置。

3. 淘宝店铺首页的设计技巧有哪些？

在设计店铺首页时，应转换角度，将自己当作商家并设身处地地进行思考。当浏览一个店铺首页时，精致的主图或是画面将会直接引起客户的注意，从而对商品产生购买欲望和冲动。此外，页面中的"掌柜热荐""宝贝热荐"和"宝贝分类"等栏目，都要充分地利用起来，从每一个细小的资源出发，创造最大化的利润，将关联销售做到极致。

5.8 课堂实训——制作婚纱首页

【实训目标】

本实训要求制作的店铺首页体现婚纱样式的美观。在设计时，通过文字和图片的搭配，让客户耳目一新。

【实训思路】

本实训将先制作店招、海报、促销模块、商品展示区等内容，然后制作页尾，以使画面更加完整。

STEP 01 新建名为"婚纱店铺首页"的文件，利用收集的婚纱素材（配套资源:\素材文件\第5章\婚纱店铺首页素材\）制作店招、海报，添加新品、婚纱、礼服和小礼服的分类条。

STEP 02 将不同风格的婚纱分栏排列，以浅黄色为主色，使整体风格甜美、浪漫。

STEP 03 使用框子格，以使输入的文字更加美观，同时也可使制作的首页个性更加鲜明。

STEP 04 保存图像，查看完成后的效果，如图5-88所示（配套资源:\效果文件\第5章\婚纱店铺首页.psd）。

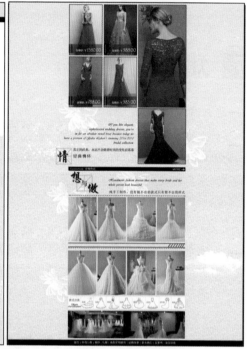

图5-88　查看完成后的效果

第 6 章 制作详情页

如果说首页是店铺的脸面，那么商品详情页就是店铺的骨血。客户在淘宝首页搜索并单击商品主图后，会直接进入商品详情页。据统计，约99%的客户是在查看详情页后下单的，详情页的好坏直接决定了该笔订单是否生成。由此可知，详情页在店铺装修设计中至关重要，只有做好详情页，才能提高成交量与转化率。本章将对详情页中常见的模块与模块的设计方法进行介绍，以帮助网店美工工作者提高详情页的制作水平。

  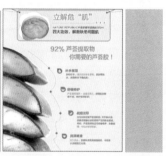

- 认识商品详情页
- 制作焦点图
- 制作商品卖点图
- 制作商品信息
  展示图
- 制作商品细节图
- 制作商品快递与
  售后图

本章要点

6.1　认识商品详情页

商品详情页不仅能向客户展示商品的规格、颜色、细节、材质等具体信息，还能向客户展示商品的优势，客户是否喜欢该商品，常取决于店铺详情页是否能深入人心，打动客户。下面对商品详情页的尺寸规范、商品详情页的设计要点、商品详情页的设计思路与准备工作、设计商品详情页时应遵循的原则进行介绍。

6.1.1　商品详情页的尺寸规范

详情页主要是对商品的使用方法、材质、细节等内容进行展示，宽度为750像素，高度不限。详情页直接影响转化率，设计内容要根据商品的具体内容来确定。图片只有经过较好处理，才能让页面更加美观，从而达到吸引客户的目的。

在制作详情页时，保持宽度为750像素，通常会使用标题栏的表现形式对页面中各信息的内容进行分组，以便客户阅读和理解。

6.1.2　商品详情页的设计要点

详情页的模块需要根据商品进行确定。例如，对于数码商品等标准化商品，客户大多基于理性购买，关注的重点多为功能性，此时就需要使用细节展示、宝贝参数、功能展示等模块；对于非标准化商品，如女装、手包、珠宝饰品等，客户更多的是基于冲动购买，此时商品展示、场景的烘托等就显得尤为重要。总之，详情页的内容要引发客户的兴趣，在确定模块时需要把握以下3点。

- 引发兴趣，激发潜在需求：商品详情页可以利用创意性的焦点图来吸引客户眼球，兴趣点可以是商品的销量优势、商品的功能特点、商品的目标消费群等，以激发客户的潜在需求，如图6-1所示。
- 赢得客户信任：赢得客户信任可从商品细节的完善、客户痛点和商品卖点的挖掘、同类商品对比、第三方评价、品牌附加值、客户情感、塑造拥有后的感觉等方面入手。图6-2所示为对白鸭绒的介绍，可说服客户购买。

图6-1　通过功能特点引发兴趣

图6-2　通过商品介绍增强客户信心

- 替客户做决定：可通过品牌介绍、饥饿营销等手段使犹豫不决的客户快速下单。若客户浏览整个详情页后仍然没有下单，可通过相关推荐模块进行商品推荐。图6-3所示为通过优惠信息促使客户快速下单。

图6-3　通过优惠信息促使客户快速下单

6.1.3　商品详情页的设计思路与制作前的准备工作

商品详情页是商品展示的重要窗口，在设计时要注意，详情页的内容不是要告诉客户本商品该如何使用，而是要说明该商品在什么情况下使用会产生怎样的效果。商品详情页是提高转化率的关键性因素，好的描述内容不但能激发客户的消费欲望，树立客户对店铺的信任感，还能打消客户的消费疑虑，促使客户下单。下面通过6个步骤帮助大家更好地理解商品详情页的设计思路与准备工作。

- 设计商品详情页应遵循的原则：商品详情页主要用于商品细节和效果的展示，需要与商品标题和主图契合。由于销售过程中起决定性作用的多为商品本身，在设计时不能只注重图片的效果而忽略商品本身的价值。
- 设计前的市场调查：市场调查是了解商品行情的基础。设计前需分别进行市场调查、同行业调查、规避同款和客户调查等。从调查的结果中分析消费人群的消费能力、喜好，以及客户购买时在意的问题等。
- 调查结果及商品分析：当完成简单的市场调查后，可根据商品市场调查结果对商品进行系统的总结。要总结出客户在意的问题、竞品的优缺点，以及自身商品的定位，挖掘商品与众不同的卖点。
- 关于商品定位：不同商品有不同的定位，可根据商品定位设计需要表现的内容。例如，卖皮草的店铺，需将皮草的质感及大气、优雅的气质表现出来，而不能只拍照，因为皮草属于高端商品。
- 商品卖点的挖掘：所谓商品卖点，即商品拥有的独一无二的特点和特色。每一种商品因为其功能的不同，需要展现的卖点也有所不同，卖点越清晰诱人，越能够提高成交率。例如，某个卖键盘膜的商家，将键盘膜"薄"的特点作为商品的最大卖点，并通过"最薄的键盘膜"文案让商品从众多同类型商品中脱颖而出，从而导致销量和评分大增。
- 开始准备设计元素：在进行客户分析以及商品自身卖点的提炼后，根据商品风格准备所用的设计素材、商品描述所用的文案，并确定商品描述的用色、字体、排版等。最后，还要烘托出符合商品特性的氛围，如羽绒服商品的背景可以采用雪景、冰山等。

6.1.4　设计商品详情页时应遵循的原则

商品详情页是否能让客户下单，需要看详情页的内容安排是否深入人心，描述内容的好坏直接决定了销量。详情页的上半部分应主要说明商品的价值，下半部分则主要用于培养客户的消费信任感。下面对详情页设计需要遵守的7大原则分别进行介绍。

- 逻辑：在进行商品描述时应遵循一定的顺序：①店铺活动和场景效果图；②商品图和材质工艺细节图；③尺寸说明和质检合格证展示；④关联推荐、品牌展示和防损包装、品牌形象。每个店铺的情况不同，还可根据店铺的具体要求添加一些其他内容，达到层层递进的效果。
- 亲切：在现实生活中，第一印象很重要，有人会给你亲切的感觉，有人会给你难以接近的感觉。毋庸置疑，人们更喜欢跟亲切的人做朋友。制作商品详情页也一样，在制作前，首先要了解商品所针对人群的特性，根据目标客户特性制定文案风格，如儿童用品常采用活泼可爱的风格。
- 真实：网上购物最重要的是得到客户的信任，该信任需建立在客户对店铺商品的了解上，所以要在强调商品真实性的前提下，尽量多角度、全方位地展现商品原貌，减少客服人员的工作量，提高客户自主购物的概率。
- 氛围：并不是所有客户在浏览网站时都目的明确，部分客户可能只是逛逛，没有真正需要购买的商品。这部分客户比较喜欢购物的氛围。当进入详情页后，具有吸引力的焦点图、完整的商品展示图促销信息，都会使客户有一种心动的感觉，从而促进购买。
- 专业：网店美工人员在制作详情页时，必须体现出自己的专业性，可从侧面烘托商品的优势，并给予最专业、最有利的市场行情对比。因为客户更相信专业信息，专业的详情页描述可以更好地指引客户购物，如卖羊毛衫的店铺可以从羊毛的角度切入，从真羊毛和假羊毛在质感、颜色上的区别来进行专业描述，使客户在选购时可以直观地获得专业的指导。
- 品牌：随着生活水平的不断提高，人们对品质的要求变得越来越高，对品牌的认知程度越来越高，所以商家在打造详情页时，要通过品牌文化做出商品保证，并通过品牌文化竖立客户对商品的信心。
- 图片质量：商品描述中的图片质量是非常重要的，应尽量用优质大图以及少量文字进行搭配。在制作商品描述时，手机端和PC端的图片不能共用，需要分别进行设计与制作。

6.2　制作焦点图

详情页的焦点图一般位于商品基础信息的下方，是为推广该款商品而设计的海报，由商品、主题与卖点3部分组成，目的在于吸引客户购买该商品。其设计与制作方法与首页海报的设计与制作方法相似。下面对焦点图的设计要点和制作方法进行介绍。

6.2.1　焦点图的设计要点

焦点图设计一般有两个目的：明确商品主体，突出商品优势；承上启下，做好商品信息的过渡。在设计焦点图时要想点出商品的优势，就必须在文案与图片的设计上讲究创意，通过突出商品的特色以及放大商品的优势，或通过优劣商品对比，将商品的优势展现出来。众所周知，详情页一般是通过主图引入的，因此商品卖点、特点等要相互衔接。图6-4所示为淘宝上某款芦荟膏的主图与详情页焦点图，可以看出详情页对主图信息进行了延伸。

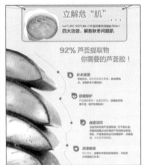

图6-4　芦荟膏详情页展示

6.2.2　焦点图的制作

焦点图是详情页的门面，好的焦点图不但能提升商品的品位，还能促使客户继续往下浏览。以洗衣机为主体的焦点图，在制作时需要先构建焦点图的背景，然后添加商品并调整位置，其具体操作如下。

STEP 01 新建大小为750像素×1000像素，分辨率为72像素/英寸，名为"洗衣机焦点图"的文件。打开"焦点图背景.jpg"图像文件（配套资源:\素材文件\第6章\焦点图背景.jpg），将其拖动到背景中。调整图像的位置和大小，再在"调整"面板中单击■按钮，打开"黑白"面板，如图6-5所示。

STEP 02 在"黑白"面板中设置红色、黄色、绿色、青色、蓝色、洋红的值分别为"146""-113""40""60""20""160"，如图6-6所示。

图6-5　打开背景素材　　　　　　　　图6-6　设置黑白值

STEP 03 选择"图层1"图层，单击■按钮，创建图层蒙版，再选择"画笔工具"■，在图像周围涂抹，擦去不需要的部分，使其与背景过渡自然。完成后设置不透明度为"50%"，如图6-7所示。

STEP 04 打开"楼梯.psd""洗衣机素材1.psd""蓝色彩带.psd""钻石.psd"图像文件（配套资源:\素材文件\第6章\楼梯.psd、洗衣机素材1.psd、蓝色彩带.psd、钻石.psd），将其拖动到背景中，调整位置和大小，如图6-8所示。

图6-7　创建图层蒙版

图6-8　添加素材

STEP 05 选择"图层4"图层，按"Ctrl+J"组合键，复制图层，并将其移动到"图层4"图层下方；按住"Ctrl"键不放，单击"图层4 拷贝"图层的缩略图，使其呈选区显示；按"Ctrl+Delete"组合键填充背景色，完成后向左拖动使其形成投影效果，如图6-9所示。

STEP 06 选择【滤镜】/【模糊】/【高斯模糊】命令，打开"高斯模糊"对话框，设置半径值为"40像素"，单击 确定 按钮，如图6-10所示。

图6-9　复制投影

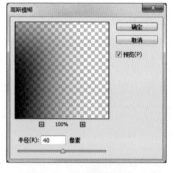

图6-10　设置模糊半径

STEP 07 选择"横排文字工具" T ，在工具属性栏中设置字体为"思源黑体 CN"，字号为"85点"，字体颜色为"#5f5c5c"，输入"大净界　定未来"文字，如图6-11所示；打开"蓝色彩带.psd"图像文件，将其拖动到文字上方，创建剪贴蒙版。

STEP 08 双击"大净界　定未来"图层，打开"图层样式"对话框；单击选中"内发光"复选框，在右侧设置不透明度、杂色分别为"50%"和"20%"，如图6-12所示。

STEP 09 单击选中"投影"复选框，在右侧设置颜色、不透明度、距离、大小分别为"#938e8e""50%""9像素"和"9像素"，单击 确定 按钮，如图6-13所示。

STEP 10 再次选择"横排文字工具" T ，在工具属性栏中设置字体为"思源黑体 CN"，在文字的下方输入如图6-14所示的文字，调整文字大小和位置。

图6-11 输入文字

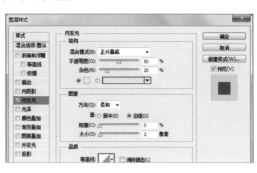

图6-12 设置内发光

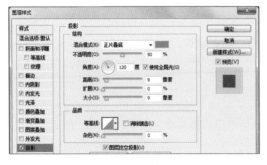

图6-13 设置投影

图6-14 输入文字

STEP 11 选择"直线工具" ，设置填充颜色为"#aaaaaa"，在文字的中间部分绘制548像素×2像素的横线，如图6-15所示。

STEP 12 按"Shift+Ctrl+Alt+E"组合键盖印图层，并设置图层样式为"柔光"。

STEP 13 保存文件，查看完成后的效果，如图6-16所示（配套资源:\效果文件\第6章\洗衣机焦点图.psd）。

图6-15 绘制直线

图6-16 查看完成后的效果

6.3 制作商品卖点图

商品的卖点可以被理解为商品具备的前所未有或与众不同的特点。卖点图可让客户对商品的样式有基本的了解，并通过展示效果，让客户产生继续浏览的兴趣。下面分别对卖点的特征、卖点提炼的原则与方法以及制作商品卖点图的方法进行介绍。

6.3.1 卖点的特征

商品卖点是吸引客户购买商品或者服务的理由。卖点一般具有以下3个特征。

- 具有独特性。特别是对于相同类型的商品，提炼出与其他商家不同的独特卖点，能够影响客户的购买行为，如农夫山泉的"有点甜"。
- 有足够的说服力，能打动客户购买。这就要求卖点与客户核心利益息息相关，如空调的"变频"与"回流"，面膜的抗衰老、美白、补水功效。
- 长期传播的价值及品牌辨识度。

6.3.2 卖点提炼的原则与方法

提炼卖点的方法有很多，可以从商品概念、市场地位、商品线、服务、价格、时间、售后、品质和风格等方面入手。下面介绍卖点提炼的原则与方法。

- FAB法则：F指属性或功效（Feature或Fact），即商品的特点和属性；A是优点或优势（Advantage），即与竞争对手的不同之处；B是客户利益与价值（Benefit），指这一特点或优点带给客户的利益，如在购买减肥商品时，商品的卖点图中标明1个月无效退货，既可说明商品的卖点，又能保障客户的利益。
- 从商品概念中提炼：一个完整的商品概念是立体的，包括核心商品、形式商品、延伸商品3个层次。核心商品是指商品的使用价值；形式商品是指商品的外在表观，如原料、技术、外形、品质、重量、体积、手感、包装等；延伸商品是指商品的附加价值，如服务、承诺、身份、荣誉等。
- 从更高层次的需求中提炼：从情感、时尚、热点、公益、梦想等更高层次的需求角度提炼卖点。若以情感为诉求，则可以适当加深人们对商品的好感，如雕牌洗衣液的"妈妈，我可以帮你干活了"，以孩子对母亲的理解和支持来突出卖点。

6.3.3 制作卖点图

洗衣机卖点主要为洗衣容量、节能、智能、实用性。作为卖点图，如何将这些卖点依次融入卖点图中成了难点。本例将通过6个方法对卖点进行展示，让客户从各个方面认识洗衣机。其具体操作如下。

STEP 01 新建大小为750像素×4780像素，分辨率为72像素/英寸，名为"洗衣机卖点图"的文件。

STEP 02 打开"蓝色彩带.psd"图像文件（配套资源:\素材文件\第6章\蓝色彩带.psd），将其拖动到背景中，调整图片的位置和大小，并设置不透明度为"10%"。

STEP 03 在工具箱中选择"椭圆工具" ，设置填充颜色为"#37383c"，按住"Shift"键不放，在左上角绘制80像素×80像素的正圆，如图6-17所示。

STEP 04 选择"横排文字工具" ，在"字符"面板中设置字体为"Machine BT"，字号为"90点"，颜色为"#ffffff"，在圆的上方输入"01"，如图6-18所示。

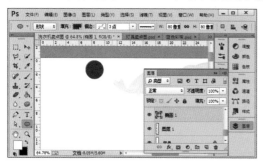

图6-17 绘制圆

图6-18 在圆中输入文字

STEP 05 再次选择"横排文字工具" ，在圆的右侧输入"衣服那么多 洗衣机怎么小了？"文字，设置字体为"思源黑体 CN"，大小为"20点"，颜色为"#181242"。调整文字位置，选择"直线工具" ，在文字的下方绘制粗细为"2像素"的直线，如图6-19所示。

STEP 06 打开"小图片.jpg"图像文件（配套资源:\素材文件\第6章\小图片.jpg），将其拖动到文字的下方，调整图像的位置和大小，选择"横排文字工具" ，在图片下方输入如图6-20所示的文字，并设置字体为"思源黑体 CN"，大小为"18点"，颜色为"#666669"。

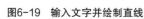

图6-19 输入文字并绘制直线

图6-20 添加图片并输入文字

STEP 07 选择"横排文字工具" ，在文字的下方输入文字，设置字体为"思源黑体CN"，颜色为"#4a4a4e"，调整文字的大小和位置。

STEP 08 打开"卖点图1.jpg"素材文件（配套资源:\素材文件\第6章\卖点图1.jpg），将其拖动到文字的下方，调整图片的位置和大小，如图6-21所示。

STEP 09 选择"横排文字工具" ，在图片的下方输入如图6-22所示的文字，设置字体为

"思源黑体CN"，颜色为"#4a4a4e"，调整文字的大小和位置。

STEP 10 打开"卖点图2.jpg"图像文件（配套资源:\素材文件\第6章\卖点图2.jpg），将其拖动到文字的下方，调整图片的位置和大小，如图6-22所示。

图6-21　添加图片

图6-22　继续添加图片

STEP 11 选择"直线工具" ，在工具属性栏中设置粗细为"2像素"，单击 按钮，在打开的下拉列表中单击选中"终点"复选框，再设置凹度为"30%"，在洗衣机的中间区域绘制两条箭头线，如图6-23所示。

STEP 12 继续选择"横排文字工具" ，在箭头的上、下方分别输入如图6-24所示的文字，设置字体为"思源黑体CN"，颜色为"#4a4a4e"，调整文字的大小和位置。

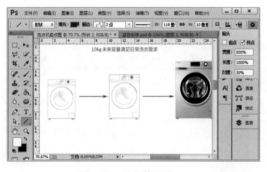

图6-23　绘制箭头线

图6-24　输入文字

STEP 13 打开"卖点图3.jpg"图像文件（配套资源:\素材文件\第6章\卖点图3.jpg），将其拖动到文字的下方，调整图片的位置和大小。

STEP 14 在"图层"面板中单击 按钮，创建图层蒙版，再选择"画笔工具" ，在图像上方进行涂抹，擦去不需要的部分，使其与背景过渡自然，如图6-25所示。

STEP 15 复制导航条内容到图片的下方，完成后将导航条中的文字修改为如图6-26所示的文字内容，并将下方的直线与文字对齐。

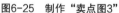

图6-25 制作"卖点图3"

图6-26 复制导航条并修改内容

STEP 16 打开"卖点图4.jpg"图像文件（配套资源:\素材文件\第6章\卖点图4.jpg），将其拖动到导航条的下方，调整图片的位置和大小。

STEP 17 选择"横排文字工具" **T**，在卖点图4中输入如图6-27所示的文字，设置字体为"思源黑体 CN"，颜色为"#4a4a4e"，调整文字的大小和位置。

STEP 18 再次复制导航条到图片的下方，修改文字内容，并将下方的直线与文字对齐。

STEP 19 打开"卖点图5.jpg"图像文件（配套资源:\素材文件\第6章\卖点图5.jpg），将其拖动到导航条的下方，调整图片的位置和大小。

STEP 20 选择"横排文字工具" **T**，在卖点图5中输入如图6-28所示的文字，设置字体为"思源黑体 CN"，颜色为"#4a4a4e"，调整文字的大小和位置。

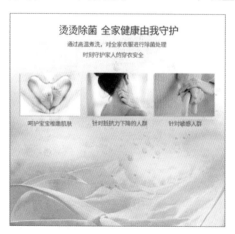

图6-27 制作"卖点图4"

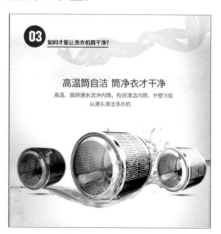

图6-28 制作"卖点图5"

STEP 21 使用相同的方法制作导航条，并打开"卖点图6.jpg"图像文件（配套资源:\素材文件\第6章\卖点图6.jpg），将其拖动到导航条的下方，调整图片的位置和大小，再使用"横排文字工具" **T**，在卖点图6中输入文字，调整各个板块的位置和内容，保存文件并查看完成后的效果，如图6-29所示（配套资源:\效果文件\第6章\洗衣机卖点图.psd）。

图6-29　查看完成后的效果

6.4　制作商品信息展示图

　　卖点图虽然可以使客户更直观地查看商品，但对于一些具体参数，如材质、硬度、品质和厚薄等，仍然无法通过肉眼获取准确的信息。此时，就需要用商品信息展示图为商品添加参数说明，让客户对商品有更直观的了解。下面对商品参数的常用表达方式和信息展示图的制作方法进行介绍。

6.4.1　商品参数的常用表达方式

　　在淘宝网中，商品参数的表达方式多种多样，我们可以根据商品参数的多少与商品的特征进行灵活设计。常用的商品参数表达方式有以下4种。

- 商品参数的直接输入：自由排列输入的商品参数，一般需要使用文本框来统一文本的行间距，如图6-30所示。
- 通栏排参数：使用文本框直接输入参数，添加形状或线条来修饰参数模块；使用商品参数表输入参数，商品参数表可以比较全面地反映商品的特性、功能和规格等，在尺码方面应用得尤为广泛。图6-31所示为男装的尺码参数表。在使用商品参数表时，可以通过设置表格行高、列宽、边框、底纹、文本格式来美化表格，以匹配店铺的风格。

S【80～100斤】M【100～110斤】 L【110～120斤】XL【120～135斤】 2XL【135～145斤】3XL【145～165斤】	

图6-30 参数直接输入

尺码型号	衣长	肩宽	胸围	袖长
L	76cm	46cm	106cm	62cm
XL	77.5cm	47cm	110cm	63cm
XXL	79cm	48cm	114cm	64cm
XXXL	80.5cm	49cm	118cm	65cm
XXXXL	82cm	50cm	122cm	66cm

备注：手工测量存在误差，具体以实物为准

图6-31 通过模块进行输入

- 商品参数与商品图片自由组合：可以直接将商品参数输入到商品图片上，也可以将商品参数细化到不同的商品图片中进行显示，如图6-32所示。
- 参数与商品两栏排：当商品参数比较少时，可通过左表右图或左图右表的方式排列商品参数模块。对于有尺寸规格的商品，还可在商品图上添加尺寸标注，如图6-33所示。

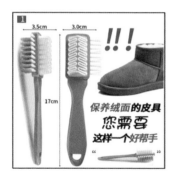

图6-32 将参数输入到图片上

图6-33 参数与商品两栏排

6.4.2 制作信息展示图

在制作洗衣机信息展示图时，因为洗衣机不存在商品的对比和颜色的对比效果，因此只制作商品参数和其对应的商品信息展示即可。下面将以商品参数与商品图片自由组合的方式制作洗衣机信息展示图，其具体操作如下。

STEP 01 新建大小为750像素×1170像素，分辨率为72像素/英寸，名为"洗衣机信息展示图"的文件。

STEP 02 在工具箱中选择"矩形工具" ，在工具属性栏中设置填充颜色为"#434343"，在最上方中间位置绘制220像素×35像素的矩形。

STEP 03 选择"横排文字工具" ，在矩形中输入"商品参数"文字，设置字体为"思源黑体 CN"，字号为"25点"，文字颜色为"#434343"，如图6-34所示。

扫一扫

制作信息展示图

STEP 04 选择"直线工具" ，在矩形的左右两边绘制粗细为"4像素"的直线，如图6-35所示。

图6-34　绘制矩形并输入文字

图6-35　绘制两条直线

STEP 05 打开"信息展示图素材.psd"图像文件（配套资源:\素材文件\第6章\信息展示图素材.psd），将素材文件拖动到商品参数下方，如图6-36所示。

STEP 06 选择"直线工具" ，在工具属性栏中设置粗细为"2像素"，颜色为"#434343"，在图片的周围绘制尺寸线。

STEP 07 选择"横排文字工具" ，在线条的一侧输入如图6-37所示的文字，并设置字体为"思源黑体 CN"，字号为"25点"，文字颜色为"#434343"。

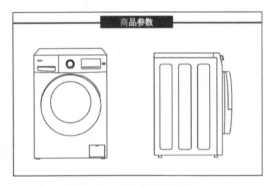

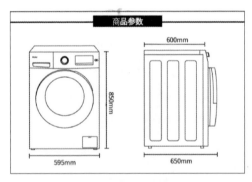

图6-36　添加展示图素材

图6-37　添加尺寸标注

STEP 08 选择"矩形工具" ，在工具属性栏中设置填充颜色为"#535353"，在尺寸下方绘制240像素×264像素的矩形。使用相同的方法，在矩形的右侧绘制496像素×245像素的矩形，并设置填充颜色为"#e8e8e8"，如图6-38所示。

STEP 09 选择"直线工具" ，在工具属性栏中设置粗细为"1.5像素"，颜色为"#434343"，在矩形中绘制6条水平的直线。

STEP 10 选择"横排文字工具" ，在直线的上方输入如图6-39所示的文字，并设置字体为"思源黑体 CN"，字号为"20点"，调整文字的颜色和位置。

型号	EG10012BKXCDEG1032
洗涤容量	10kg
脱水容量	10kg
尺寸（深×宽×高）	600mm×595mm×850mm
节能等级	1级
洗净比	1.03

图6-38　绘制两个矩形　　　　　　　　　　　图6-39　绘制直线并输入文字

STEP 11 选择"横排文字工具" ，在参数的下方输入如图6-40所示的文字，并设置颜色为"#ff0000"。

STEP 12 在文字的下方绘制750像素×280像素的矩形，并设置填充色为"#e8e8e8"。

STEP 13 新建图层，使用"钢笔工具" 绘制形状，按"Ctrl+Enter"组合键创建选区，并按"Alt+Delete"组合键填充前景色。

STEP 14 打开"信息展示图素材2.jpg"图像文件（配套资源:\素材文件\第6章\信息展示图素材2.jpg），将素材文件拖动到绘制的形状中，创建剪贴蒙版，如图6-41所示。

图6-40　输入红色文字　　　　　　　　　　　图6-41　绘制形状并创建剪贴蒙版

STEP 15 选择"横排文字工具" ，在矩形左侧输入如图6-42所示的文字，设置字体为"思源黑体 CN"，颜色为"#4a4a4e"，调整文字的大小和位置。

STEP 16 选择"椭圆工具" ，设置填充颜色为"#ff0000"，在文字的左侧绘制两个小圆，使其作为项目符号，如图6-43所示。

图6-42　输入文字　　　　　　　　　　　　　图6-43　绘制两个小圆

STEP 17 保存图像并查看完成后的效果，如图6-44所示（配套资源:\效果文件\第6章\洗衣机信息展示图.psd）。

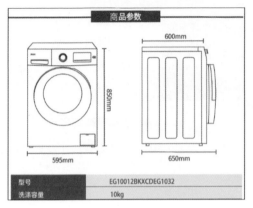

脱水容量	10kg
尺寸（深×宽×高）	600mm×595mm×850mm
节能等级	1级
洗净比	1.03

注意：本页面中所提到的商品参数、功能如有变更，恕不另行通知，具体功能和参数以商品铭牌为准。

图6-44　查看完成后的效果

6.5 **制作商品细节图**

　　一张光彩夺目的商品图片能够将客户吸引到店铺中，而是否能留住客户并成功交易，细节图就成了制胜的关键。细节图是一组展示商品细节的图片，可让客户对商品有更全面的了解。下面分别对细节图的展示方法和制作方法进行介绍。

6.5.1　细节图的展示方法

　　细节照片的选择对于细节的展示十分重要，细节照片一定要清晰、明了，尽量避免偏色。此外，还要逻辑性强，做到有条不紊，才能带着客户按照你的思路，完整地浏览商品。细节图的样式一般分为两种：一种是同时放置商品和细节图，将细节图指向商品的具体位置；还有一种就是单独进行细节的展示，在排列布局上，可根据个人喜好与店铺的整体风格进行设计。图6-45所示为细节图的不同展示方式。

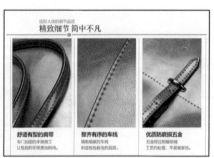

图6-45　细节图的不同展示方式

　　不同类目的商品，其细节图的内容也有所不同，商家可相据商品本身的特点、卖点和优势进行细节的展示。下面以服装、箱包、鞋子、灯具、家具、家电类目为例，对细节展示的内容进行介绍。

　　● 服装类细节图：服装类细节图一般包括款式细节（领口、门襟、袖口、裙摆、褶皱、腰带、帽子等）、做工细节（走线、针距、线粗、内衬锁边、褶皱、裁剪方式、熨烫平整等）、面料细节（材质、颜色、纹路、花纹等）、辅料细节（里料、拉链、纽扣、钉珠、蕾丝等），如图6-46所示。

- 箱包类细节图：箱包类细节展示包括一般款式细节（袋口、包扣、拉链、肩带、褶皱等）、做工细节（滚边、走线、铆钉等）、材质细节（微距拍摄面料、颜色、花纹、厚薄，以及里料）、配件细节（拉链、包扣、肩带、质感五金等），如图6-47所示。

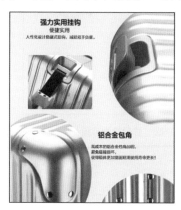

图6-46 服装类细节图　　　　　　　　　图6-47 箱包类细节图

- 鞋类细节图：鞋类的细节展示一般包括款式细节（全貌、帮面、后帮、鞋跟、鞋底等）、材质细节（材质、纹路、花色等）、辅料细节（拉链、配件、流行元素等），如图6-48所示。

- 灯具类细节图：灯具类细节展示一般包括工艺细节（材质、工艺、透光度、着色度）、光源细节（灯泡材质、开关方便度、替换灯泡的方便性、灯泡寿命等），如图6-49所示。

图6-48 鞋类细节图　　　　　　　　　图6-49 灯具类细节图

- 家具类细节图：家具类细节展示一般包括建材细节（木料、纹理、防腐性、耐热性、防潮性等）、油漆细节（打磨、底色、擦色、磨砂、面油等）、工艺细节（手工打磨、纹理、弧度、拼贴等），如图6-50所示。

- 家电类细节图：家电类细节展示一般包括外观细节（材质、纹理、功能等）、内部细节（电机、容量等）、工艺细节（纹理、弧度、拼贴等），如图6-51所示。

图6-50　家具类细节图

图6-51　家电类细节图

6.5.2　制作细节图

在制作洗衣机细节图时应主要体现洗衣机的内部工艺，让各种人性化设计在细节中得以体现。本例中的洗衣机主要从显示屏、洗涤剂投放盒和内筒方面进行体现，使其更加符合家庭使用的需要。其具体操作如下。

扫一扫

制作细节图

STEP 01 新建大小为750像素×1380像素，分辨率为72像素/英寸，名为"洗衣机细节图"的文件。

STEP 02 打开"洗衣机信息展示图.psd"图像文件，将其中的"商品参数"导航条拖动到细节图中，并修改其中的文字为"商品细节展示"，如图6-52所示。

STEP 03 选择"矩形工具" ，在工具属性栏中设置填充颜色为"#d7d6d6"，在导航条的下方绘制3个750像素×210像素的矩形，如图6-53所示。

图6-52　复制并修改导航条

图6-53　绘制3个矩形

STEP 04 打开"细节图素材.psd"图像文件（配套资源:\素材文件\第6章\细节图素材.psd），将素材文件分别拖动到矩形上方，如图6-54所示。

STEP 05 选择"横排文字工具" T ，在矩形上方输入如图6-55所示的文字，设置字体为"思源黑体 CN"，调整文字的大小、位置和颜色。

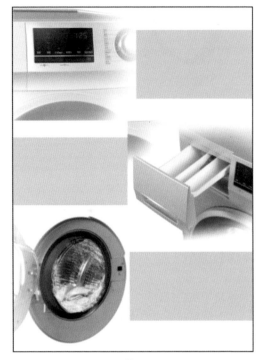

图6-54　在矩形上方添加素材　　　　　图6-55　在矩形上方添加文字

STEP 06 选择"矩形工具" ▢ ，在素材图片的下方绘制矩形，并设置填充颜色为"#f4f4f4"；选择"横排文字工具" T ，在矩形上方输入"附件展示"文字，设置文字颜色为"#605d5d"，调整文字的大小和位置，完成后在文字的左右两侧绘制一条直线，如图6-56所示。

STEP 07 打开"附件素材.jpg"图像文件（配套资源:\素材文件\第6章\附件素材.jpg），将素材拖动到矩形框上，并在下方输入如图6-57所示文字。

图6-56　输入文字并绘制直线

图6-57　输入文字

STEP 08 保存图像，查看完成后的效果，如图6-58所示（配套资源:\效果文件\第6章\洗衣机细节图.psd）。

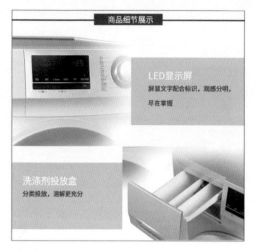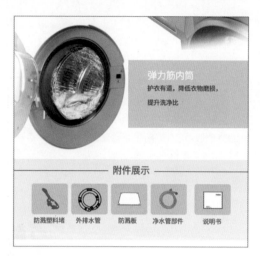

图6-58　查看完成后的效果

6.6　制作商品快递与售后图

快递与售后图位于详情页的最下方，主要对快递信息和售后信息进行展示。该板块不但能减轻客服人员的工作量，还能减少客户对售后的顾虑。下面分别对快递与售后图的设计要点和制作方法进行介绍。

6.6.1　快递与售后图的设计要点

不同商家同时销售相同的商品时，客户获取的商品信息是相同的。此时，作为具有附加价值的售后服务变得尤为重要。在详情页中添加快递与售后图可增加卖点，提高购买量。常见的快递与售后图主要包括快递服务展示图、退换货流程图、售后承诺图、5星好评图等，下面分别进行介绍。

- 快递服务展示图：快递服务展示图可以让客户了解店铺默认采用的快递公司，以便客户自行调整，也可以提醒偏远地区客户购买包邮商品时要咨询店内客服等，如图6-59所示。
- 退换货流程图：根据店铺的退换货流程，制作出对应的图片展现给客户，让客户了解退换货的流程，同时商家也应该遵守流程图的顺序，让客户体验到正规的退换货服务，如图6-60所示。
- 售后承诺图：退换货流程图可让客户体验到退换货服务的正规，售后承诺图则可让客户明确地知道购物后能够得到的实际保障，如7天无理由退货、全国联保等，如图6-61所示。
- 5星好评图：5星好评图可以向客户展示店铺优质的商品与服务，同时也提醒客户在购物满意后给出5星好评。但是，单纯的"满意请给5星好评"提示语不足以引起客户足够的重视与兴趣，所以在制作5星好评图时需要加入一定的引导因素，请客户不要因为个别因素而给出低分评价，如图6-62所示。

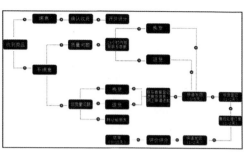

图6-59 快递服务展示图

图6-60 退换货流程图

图6-61 售后承诺图

图6-62 5星好评图

6.6.2 制作快递与售后图

洗衣机作为常用家电，只是常用的退换货已经不能满足客户的需求。此时，在设计快递与售后图时可以将客服热线添加到图中，通过直接的电话联系提高客户的满意度，并通过下方的售后图标了解常用的售后问题。其具体操作如下。

STEP 01 新建大小为750像素×783像素，分辨率为72像素/英寸，名为"快递与售后图"的文件。

STEP 02 打开"售后背景纹理.jpg"图像文件（配套资源:\素材文件\第6章\售后背景纹理.jpg），将素材文件拖动到图像中，并使其铺满整个页面。打开"快递与售后素材.psd"图像文件（配套资源:\素材文件\第6章\快递与售后素材.psd），将其中的客服人物和电话等图片拖动至图像中，调整其大小与位置。

STEP 03 打开"洗衣机信息展示图.psd"图像文件（配套资源:\素材文件\第6章\洗衣机信息展示图.psd），将其中的"商品参数"导航条拖动到快递与售后图中，并修改其中的文字为"快递与售后"，如图6-63所示。

STEP 04 选择"圆角矩形工具" 🔲，在工具属性栏中设置半径为"10像素"，在数字的右侧分别绘制4个大小为164像素×164像素的圆角矩形，并分别填充"#0c62ad""#5cccf7""#0c62ad""#81878d"颜色，如图6-64所示。

STEP 05 在"快递与售后素材.psd"图像文件中，将"24小时"素材文件拖动到浅蓝色矩形上方，调整大小和位置。

STEP 06 打开"客服.jpg"图像文件（配套资源:\素材文件\第6章\客服.jpg），将其拖动到最上方的矩形中，并对其创建剪贴蒙版，效果如图6-65所示。

图6-63　复制并修改导航条

图6-64　绘制圆角矩形并填充颜色

STEP 07 选择"横排文字工具" T , 输入如图6-66所示的文字, 设置字体为"思源黑体 CN", 字号为"20点", 颜色为"#575e60"。

图6-65　创建剪贴蒙版

图6-66　输入说明文本

STEP 08 选择"圆角矩形工具" ◻ , 在图像下方绘制大小为750像素×70像素的圆角矩形, 并填充为"#0c62ad"颜色, 再在中间位置输入"售后无忧　享四重保障"文字, 调整文字的 大小和位置, 完成后在文字的左右两侧各绘制一条直线。

STEP 09 打开"快递与售后素材.psd"图像文件, 将图标素材文件拖动到圆角矩形的下方, 调整其位置, 如图6-67所示。

STEP 10 在图标的下方依次输入说明性文字, 并调整文字大小、位置和颜色。

STEP 11 保存图像并查看完成后的效果, 如图6-68所示（配套资源:\效果文件\第6章\快递与售 后图.psd）。

图6-67　添加图标

图6-68　查看完成后的效果

6.7 知识拓展

1. 淘宝详情页的设计技巧有哪些?

淘宝详情页不全是用来描述商品的,还贯穿了多种营销思路。在设计时如何让客户产生好感→喜欢→想买→马上下单,是设计详情页的重点。因此,掌握详情页的设计思路变得尤为重要,可从以下3个方面进行思考。

- 找出自己商品的优势。
- 查看销量前10位商品的详情页,在其中寻找卖点,并思考是否适合本商品的详情页。
- 取其他商品详情页的精华,把优点罗列出来,并应用于自己商品的详情页中。

2. 如何把握详情页设计的重点?

在设计详情页时,商家往往会通过各种方式来增强客户的购买欲望,如宣传品牌、品质,优化服务,提高性价比,展示差异化优势、热销盛况,展示好评等。然而针对不同的商品,在详情页中需要呈现的重点也是有所不同的。下面将根据运营状况,将店铺中的商品划分为新品、热卖单品、促销商品、常规商品,并对这4种不同商品的详情页设计重点进行阐述。

- **新品详情页设计重点**:首先在传达设计理念的同时强调品牌、款式与品质,将新品介绍给客户;其次,将商品的某一特点详细展示,以突出商品的差异化优势;再次,对销量低的新品可以通过新品打折、满减等营销方式积累一定的基础销量。
- **热卖单品详情页设计重点**:这类商品具有良好的销量,应在详情页中突出展示热销盛况、好评,在设计过程中可以暗示客户商品被大众认同,打消客户的疑虑。然后,通过展示商品优势来说明其热销的原因,让客户相信选择该款商品是正确的,进一步赢得客户的信任。
- **促销商品详情页设计重点**:在设计这类商品的详情页时,首先需要突出活动力度,让客户关注并对其产生兴趣,再通过性价比的优势与功能的介绍吸引客户下单。
- **常规商品详情页设计重点**:在设计这类商品的详情页时,首先需要给出足够的购买理由,通常是展示其优势、功能、性价比,或通过营销活动让客户产生购买的欲望。

3. 浏览详情页时客户流失的原因是什么?

客户流失大多是因为详情页的内容或是商品本身存在问题,不能让客户停留与购买。常见的原因包括以下3个,下面分别进行介绍。

- **不是客户需要的商品**:若是因为该商品不是客户需要的商品,那么就需要进行关联营销,在这个商品的页面里推荐其他的商品。而关联其他商品,有可能使客户产生二次购买的可能,提高每笔订单的成交单价。
- **对店铺的整体服务没有概念**:当客户觉得商品还可以的时候,下一步就会考虑商品的品质。看品质不能只看详情页,需要对店铺总体实力有一个比较明确的把握。这时最能体现店铺实力的就是店铺首页,所以首页的制作也至关重要。
- **价格不合适**:通常这个时候客户已经认同商品本身,已经想买,但是如果价格偏高,客户常通过旺旺砍价。此时，若店铺有相关的活动，可以通过优惠活动来转移客户的注意力，达到变相降价的效果。

6.8 课堂实训——制作女包详情页

【实训目标】

时尚女包是夏天必备的商品。在制作该详情页时，不但要表现女包的小巧、美观，还要将女包的实用性体现出来，达到促销的目的。

【实训思路】

在制作时，先制作焦点图、商品参数，然后展示色彩、商品亮点以及细节等内容，最后制作页尾，使画面更加完整。

STEP 01 新建名为"女包详情页"的文件，利用收集的女包素材（配套资源:\素材文件\第6章\女包详情页素材.psd）制作焦点图，制作焦点图时要使图文搭配合理并需要对女包添加阴影。

STEP 02 根据女包的具体数据制作商品参数和色彩选择图，在制作时注意数据的真实性。

STEP 03 在制作商品焦点图和细节展示图时，通过不同的人物穿戴搭配效果体现女包的时尚和百搭，并通过细节的展示让商品的品质得到展现。

STEP 04 保存图像并查看完成后的效果，如图6-69所示（配套资源:\效果文件\第6章\女包详情页.psd）。

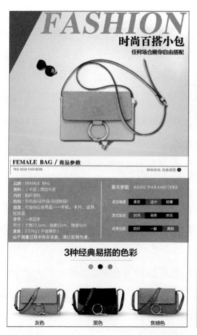

图6-69　查看完成后的效果

第 7 章 装修店铺

在完成详情页设计后，要将商品展示在店铺中，就需要进行店铺的装修。为了快速完成页面的装修，需要掌握图片切片、图片空间管理、店铺模块编辑、热链接添加等知识。本章将进行详细介绍。

- 店铺装修前的
  准备工作
- 使用图片空间
- 装修店铺

本章要点

7.1 店铺装修前的准备工作

7.1.1 使用Photoshop切片

切片是装修店铺过程中必不可少的环节。所谓切片，是指将大的图片切开，分割成多个部分。下面对切片技巧、切片工具的使用方法、切片的优化和保存分别进行介绍。

1. 淘宝美工必知的切片技巧

进行切片时，为了使切片合理、位置精确，需要掌握一定的技巧。

- 依靠参考线：在标尺上拖动鼠标，为图像创建切片的辅助线。在切片时，可沿着该辅助线拖动鼠标，创建切片。
- 切片位置：切片时不能将一个完整的图像区域切开，应尽量切割出完整图片，以避免在网速很慢时图片断开，不能完整地被呈现出来。
- 切片储存的颜色：在储存切片时，需要保存为Web所用格式的网页安全色。网页安全色是各种浏览器、各种设备都可以无损失、无偏差输出的色彩集合，因此，在店铺的配色上应尽量使用网页安全色，以避免客户看到的效果与设计的效果不同。
- 切片储存的格式：在储存切片时，可单独为各个切片设置储存格式。切片储存的格式不同，其大小与效果也会有所不同。一般情况下，色彩丰富、图像较大的切片，选择JPG格式；尺寸较小、色彩单一和背景透明的切片，选择GIF或PNG-8格式；半透明、不规则以及圆角的切片，选择PNG-24格式。

2. 切片与保存图片

下面为"大闸蟹"的首页图片创建切片，并将创建的切片保存到计算机中，以方便后期装修店铺时使用。下面介绍网页切片与保存图片的方法，其具体操作如下。

STEP 01 打开"大闸蟹.jpg"图像文件（配套资源:\素材文件\第7章\大闸蟹.jpg），如图7-1所示。

STEP 02 选择【视图】/【标尺】命令，或按"Ctrl+R"组合键打开标尺，从左侧和顶端拖动参考线，设置切片区域，如图7-2所示。

STEP 03 在工具箱中的"裁剪工具" 🔲 上按住鼠标左键不放，在打开的工具组中选择"切片工具" 🖉 ，在工具属性栏中单击 基于参考线的切片 按钮，如图7-3所示。

STEP 04 图像基于参考线等分成多个小块，此时发现顶部和右侧完整的图像被分割，如图7-4所示。

图7-1　打开素材

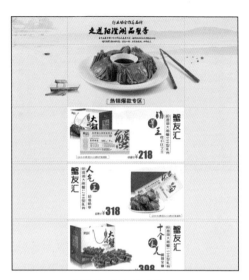

图7-2　添加参考线

图7-3　基于参考线切片

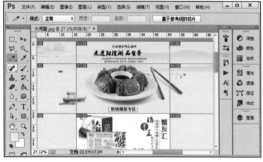

图7-4　切片效果

经验之谈：

　　对图像进行切片后，切片成功的图片将以蓝色的框进行显示，每个框的左上角都标注了切片的数字号。若切片为灰色，则表示该切片不能被储存起来，需要重新切割。

STEP 05 选择"切片选择工具"，按住"Alt+Shift"组合键选择需要合并为一个切片的多个切片，单击鼠标右键，在弹出的快捷菜单中选择"组合切片"命令，如图7-5所示。使用相同的方法对其他需要组合的切片进行组合。

STEP 06 选择"切片选择工具"，双击需要设置网址链接的切片，打开"切片选项"对话框；在浏览器地址栏中复制链接地址，粘贴到"URL"文本框中，如图7-6所示，单击 确定 按钮。

STEP 07 使用相同的方法，为其他切片添加链接地址。

图7-5　组合切片

图7-6　设置切片的链接地址

经验之谈：

　　　使用"切片选择工具" 选择需要划分的切片，单击鼠标右键，在弹出的快捷菜单中选择"划分切片"命令，在打开的对话框中可将切片水平或竖直划分为多个均等的切片。

STEP 08 选择【文件】/【存储为Web所用格式】命令，打开"存储为Web所用格式"对话框。选择"切片选择工具" ，按住"Shift"键选择需要的多个切片，在右侧选择优化的文件格式为"JPEG"，设置文件的品质等，如图7-7所示。

STEP 09 设置完成后单击 存储... 按钮，在打开的对话框中选择保存格式为"HTML和图像"，然后设置保存位置与保存名称，如图7-8所示。

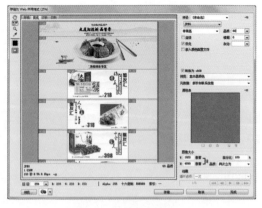

图7-7　设置保存参数

图7-8　储存切片

STEP 10 单击 保存(S) 按钮完成切片的储存。在保存路径下查看保存效果，可以看到一个HTML网页文件，以及一个名为images的文件夹。其中，images文件夹中包含了所有创建的切片和".html"格式的网页文件，打开后的效果如图7-9所示（配套资源:\效果文件\第7章\大闸蟹切片\）。

图7-9 查看保存效果

7.1.2 使用图片空间

图片空间是网店装修中必不可少的一部分，装修店铺时需要先将图片上传到图片空间中，再进行装修，因此图片空间要求具有很好的稳定性、安全性。下面对进入图片空间、上传图片到图片空间、管理图片的方法进行介绍。

1. 图片空间的进入方法

图片空间作为储存装修图片的场所，需要先进入才能进行图片的上传与管理。进入图片空间的方法有3种，下面对这3种方法分别进行介绍。

- **通过卖家中心进入**：在淘宝网首页单击"卖家中心"超链接，打开卖家中心后台页面，单击"店铺管理"栏中的"图片空间"超链接即可进入。
- **使用网址直接进入**：在网页的地址栏中直接输入网址"tu.taobao.com"，按"Enter"键即可直接进入图片空间。
- **使用千牛进入**：进入千牛界面，单击 按钮，即可通过千牛界面进入卖家中心，在"店铺管理"中单击"图片空间"超链接，即可进入图片空间页面，在其中可进行图片的上传操作。

扫一扫

上传图片到图片空间

2. 上传图片到图片空间

进行装修或发布商品前，商家可将需要使用的图片上传到图片空间，当需要使用对应的图片时即可直接从中选择。其具体操作如下。

STEP 01 登录淘宝账号，单击"卖家中心"超链接进入卖家中心，在左侧列表框的"常用操作"栏中单击"图片空间"超链接，如图7-10所示。

STEP 02 在页面上单击 新建文件夹 按钮，打开"新建文件夹"对话框，输入用于上传图片的系列名称，此处输入"大闸蟹"，单击 确定 按钮，如图7-11所示。

STEP 03 在图片空间中，双击打开新建的"大闸蟹"文件夹，在页面上方单击 上传图片 按钮，打开"上传图片"对话框，在其中的"通用上传"栏中单击 点击上传 按钮，如图7-12所示。

图7-10　单击"图片空间"超链接

图7-11　输入文件夹名称

STEP 04 打开"打开"对话框，选择图片所在路径，并在其中选择需要上传的商品图片（配套资源:\素材文件\第7章\大闸蟹切片\images\），按住"Ctrl"键不放，单击需要上传的多张图片，单击 [打开(O)] 按钮，如图7-13所示。

STEP 05 此时，将打开图片上传提示对话框，其中会显示图片的上传进度。上传完成后，自动返回图片空间并提示完成图片上传，关闭提示窗口，即可在图片空间的"大闸蟹"文件夹路径下查看上传的图片。

图7-12　上传图片

图7-13　选择上传的图片

经验之谈：

淘宝网中可上传的图片类型很多，有用于店铺装修的图片，还有商品图片。为了快速进行区分，可以创建商品图片、装修图片等不同类型的图片文件夹，也可通过新建文件夹对相同尺寸的图片进行单独放置，如新建"800像素×800像素"文件夹，用于单独存放800像素×800像素的图片。

3. 管理空间图片

在上传图片时，如果没有对图片的类别进行设置，上传的图片会默认存放在"我的图片"文件夹下。为了便于区分不同的图片，可以对图片进行管理。管理图片的方法很多，下面对常用的管理方法，如重命名图片、移动图片和编辑图片等方法分别进行介绍。

- **重命名图片**：将图片重命名为对应商品的名称，可以使图片更加直观，便于管理。其方法为：在图片上传之后，选择需要重命名的图片，再在打开的工具栏中单击 ✎重命名 按钮，输入名称，按"Enter"键即可重命名图片。

- 移动图片：如果需要将默认上传到图片空间中的图片移动到其他文件夹中，可以选择该图片，在打开的工具栏中单击 ⇄ 移动 按钮，打开"移动到"对话框，在其中选择需要移动到的位置，然后单击 确定 按钮。返回图片空间，打开相应的文件夹即可查看移动的图片。
- 编辑图片：图片空间提供了简单的图片编辑功能，供商家对图片进行调整，如进行图片美化、添加水印、添加边框、拼图、添加文字等操作。选择需调整的图片，在打开的工具栏中单击 ⊞ 编辑 按钮，打开图片编辑页面进行编辑。

4. 删除与替换空间图片

删除图片空间中未引用的图片可以节约空间容量，方便以后上传其他商品图片到空间中。此外，商家还可以将已上传图片替换为其他图片，替换图片后店铺引用的图片也会随之发生变化。删除与替换空间图片的具体操作如下。

STEP 01 进入"图片空间"页面，在页面中引用图片的右上角将出现"引"字符号。按住"Ctrl"键，单击选择未引用的图片，在打开的工具栏中单击 × 删除 按钮即可删除未引用的图片，如图7-14所示。

STEP 02 在图片空间中选择需要替换的图片，在打开的工具栏中单击 ⇄ 替换 按钮，如图7-15所示。

图7-14 删除未引用图片

图7-15 选中需替换的图片

STEP 03 打开"替换图片"对话框，在其中单击 选择文件 按钮，打开"打开"对话框，在其中选择新图片，单击 打开(O) 按钮，如图7-16所示。

STEP 04 返回"替换图片"对话框，单击 确定 按钮即可完成替换，如图7-17所示。

图7-16 选择新图片

图7-17 替换图片

7.2 装修店铺

当对图像进行切片并上传到图片空间后，即可进行店铺的装修操作。在操作时需先了解店铺的版本，并认识店铺装修模块，再进行系统模板装修和源代码装修。下面分别进行介绍。

7.2.1 认识装修模块

进行模块装修前，需要了解店铺装修的基础模块。除了前面介绍的店招、导航与页面背景外，常用的基础模块还包括宝贝推荐模块、宝贝排行模块、默认分类模块、个性分类模块、自定义区模块、图片轮播模块等。在"卖家中心"页面单击"店铺管理"栏中的"店铺装修"超链接，即可快速进入店铺装修页面。单击"PC端"选项卡，进入PC端装修的基础页面。单击 装修页面 按钮，在打开的页面中即可查看店铺的常用模块，如图7-18所示。

图7-18 进入"店铺装修"页面并查看装修模块

7.2.2 使用系统模块装修店铺

系统模块即淘宝店铺的基础模块，在使用时不用使用代码，只需在模块中进行编辑即可。下面将使用系统模块装修常规店招，其具体操作如下。

STEP 01 登录淘宝账号，进入"卖家中心"页面，在左侧列表中单击"店铺管理"栏中的"店铺装修"超链接。

STEP 02 在页面上方单击"PC端"选项卡，在下方的列表中，单击"首页"右侧的 装修页面 按钮，如图7-19所示。

STEP 03 进入店铺装修首页页面，拖动"店铺招牌"模块到页面顶端，单击该模块右侧的 编辑 按钮，如图7-20所示。

扫一扫

使用系统模块装修店铺

图7-19 装修首页页面

图7-20 编辑"店铺招牌"模块

STEP 04 打开"店铺招牌"对话框，撤销选中"是否显示店铺名称"栏后的复选框，单击"背景图"栏中的 选择文件 按钮，如图7-21所示。

STEP 05 在下方列表中选择店招图片，返回"店铺招牌"对话框，即可看到店招上传后的效果，如图7-22所示。

STEP 06 在页面的左下角单击 保存 按钮，即可完成普通店招的上传。

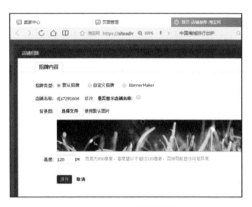

图7-21 选择店招图片

图7-22 查看选择的店招图片

技巧秒杀

可直接在图片空间中进行选择，也可单击"上传新图片"选项卡，在打开的页面中单击"添加图片"超链接，上传店招图片。

STEP 07 返回首页装修页面，在导航条上单击 编辑 按钮，如图7-23所示，打开"导航"对话框。

STEP 08 在"导航"对话框中单击 添加 按钮，打开"添加导航内容"对话框，单击选中需要在导航栏中显示的选项前的复选框，然后依次单击 确定 按钮保存设置，如图7-24所示。

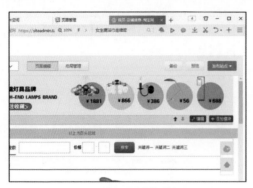

图7-23　单击"编辑"按钮

图7-24　添加导航内容

技巧秒杀

单击"管理分类"超链接，在打开的对话框中可重新编辑商品分类。也可在进入店铺装修页面的左侧单击"分类"超链接编辑商品分类。

STEP 09 返回"导航"对话框，单击分类后的 ⬆ 按钮或 ⬇ 按钮调整导航显示顺序，如图7-25所示，然后单击 确定 按钮保存设置。

STEP 10 返回店铺设置页面，即可看到装修导航后的效果，如图7-26所示。

图7-25　调整分类显示顺序

图7-26　装修导航后的效果

STEP 11 在页面左侧单击"配色"选项卡，在打开的页面中选择"黑白色"选项，设置整个页面的颜色，如图7-27所示。

STEP 12 在页面左侧选择"页头"选项，在打开的页面中单击"页头背景色"后的色块可设置页头的纯色背景，单击 更换图片 按钮，打开"打开"对话框，可在其中选择设置为页头的图片。此处选择之前制作的通栏店招图片，单击 打开(O) 按钮，返回装修页面，设置背景显示为"平铺"，如图7-28所示。

STEP 13 查看设置页头背景的效果，在页面的右上方单击 预览 按钮，即可预览页头效果，效果如图7-29所示。

图7-27 设置配色

图7-28 设置页头背景

图7-29 装修页头后的效果

7.2.3 使用源代码装修

热点是指为图片中的某个区域创建链接，单击即可跳转到链接的页面，常用于自定义导航条、自定义优惠券等。使用热点时需要结合使用图片的源代码。下面以装修洗衣机店铺通栏店招为例，讲解"热点+源代码"装修的装修方法，其具体操作如下。

STEP 01 打开"洗衣机店招.jpg"图像文件（配套资源\素材文件\第7章\洗衣机店招.jpg），为中间的950像素×150像素区域创建切片，并将其保存为jpg格式的文件，如图7-30所示。

STEP 02 将中间部分上传到图片空间中，切换到淘宝图片空间，将鼠标指针移到全屏店招中间部分的切片图片上，单击"复制链接"按钮，在打开的对话框中全选链接，并按"Ctrl+C"组合键复制该图片的链接，效果如图7-31所示。

图7-30 创建切片

图7-31 复制链接

STEP 03 启用Adobe Dreamweaver CS6，在启动后的界面中选择新建"HTML"文档，如图7-32所示。

STEP 04 在打开的界面中选择【插入】/【图像】命令，在打开的对话框中选择需要插入的图片，在打开的提示对话框中根据提示创建根目录，并在"图像标签辅助功能属性"对话框的"详细说明"文本框中粘贴复制的图片链接，单击 确定 按钮，如图7-33所示。

图7-32　新建"HTML"文档

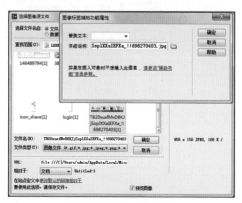

图7-33　选择图像文件

STEP 05 返回Adobe Dreamweaver CS6，查看插入的图像效果，如图7-34所示。

STEP 06 在下方的"属性"面板中选择"矩形热点工具" □，为导航条中的导航文本或商品绘制热点框，如为"所有宝贝"绘制热点，在"属性"面板中的"链接"文本框中输入链接网页的地址，如图7-35所示。

图7-34　查看插入的图片

图7-35　添加链接热点

STEP 07 使用相同的方法继续为导航条中的商品和其他导航文本添加热点，设置链接网址。单击"代码"选项卡，切换到代码视图中，按"Ctrl+A"组合键全选代码，再按"Ctrl+C"组合键复制代码，如图7-36所示。

STEP 08 切换到淘宝店铺装修页面，在店招右侧单击 编辑 按钮，打开"店铺招牌"对话框，单击选中"自定义招牌"单选项，单击"源码"按钮 ，在下面的文本框中按"Ctrl+V"组合键粘贴刚才复制的代码，在"高度"数值框中输入"150"，单击 保存 按钮，如图7-37所示。

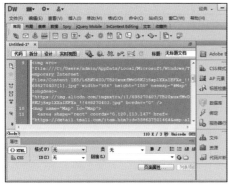

图7-36　复制代码

图7-37　自定义招牌并粘贴代码

STEP 09 在首页装修页面左侧单击"页头"选项卡，单击 更换图片 按钮，打开"打开"对话框，选择切片的页头店招图片，单击 打开(O) ▼ 按钮，如图7-38所示。

STEP 10 返回装修页面，在"页头"选项卡下分别设置背景显示为"平铺"，背景对齐为"左对齐"，关闭"页头下边距10像素"，如图7-39所示。

图7-38　选择图片

图7-39　设置页头

STEP 11 单击 预览 按钮，预览设置后的效果，即可发现店招已被设置为通栏显示，如图7-40所示。单击设置的热区，即可跳转到相应的页面。

图7-40　通栏店招装修效果

7.2.4　使用其他模块装修

淘宝中提供了丰富的模块，以便快速完成店铺的装修。这些模块的装修方法都是相似的，都需要先添加模块，然后编辑模块，添加与该模块尺寸一致的设计图。下面通过装修全屏轮播海报讲解轮播模块的装修方法，其具体操作如下。

扫一扫

使用其他模块装修

STEP 01 切换到淘宝店铺装修页面，在不需要模块的右上角单击 ✕删除 按钮，将其删除，如图7-41所示。

STEP 02 打开"模块"页面，选择模块的宽度为"1920"，选择"全屏轮播"模块，将其拖动到页头下方，添加"全屏轮播"模块到页面中，如图7-42所示。

图7-41　删除模块

图7-42　添加全屏轮播

STEP 03 将制作好的图片轮播模块的图片上传到图片空间，在全屏轮播模块上单击 ✎编辑 按钮，打开"图片轮播"对话框，单击"图片地址"栏后的 🖾 按钮，在打开的列表框中从图片空间中选择轮播图片，如图7-43所示。

STEP 04 打开"图片剪裁"对话框，在左侧面板中确认剪裁区域，单击 确定 按钮，确认图片区域，如图7-44所示。

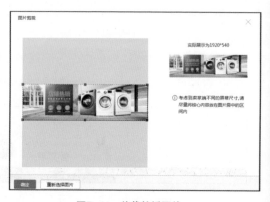

图7-43　选择轮播图片

图7-44　剪裁轮播图片

STEP 05 使用相同的方法，在下方图片的地址栏中确认第二张图片，单击图片后的 🖉 按钮，选择图片链接的页面，会自动将页面的链接添加到图片后面的链接文本框中，如图7-45所示。使用相同的方法，为第二张图片添加地址，设置完成后单击 保存 按钮。

图7-45 添加轮播图片

STEP 06 设置完成后返回店铺装修页面，单击 预览 按钮预览图片轮播效果，将鼠标移动到第2个圆点上将切换到第2张图片，如图7-46所示。

图7-46 查看全屏图片轮播效果

7.3 知识拓展

1. 什么是HTML 标签?

超文本标记语言标记标签通常被称为HTML标签。HTML标签是HTML语言中最基本的单位，HTML标签是HTML（标准通用标记语言下的一个应用）最重要的组成部分。HTML标签的大小写不影响使用效果，如"主体"<body>跟<BODY>表示的意思是一样的，推荐使用小写。下面对HTML标签的特点进行介绍。

- HTML标签中的尖括号用于包围关键词，如 <html>。
- HTML标签通常是成对出现的，如 <div> 和 </div>，部分特殊标签除外，如<p/>
 <img/> <hr/>等，其表示方法为：<img src="淘宝美工.jpg"/>。

- HTML标签中的第一个标签是开始标签，第二个标签是结束标签。
- HTML标签中的开始标签和结束标签也被称为开放标签和闭合标签。
- HTML的标签一般是成对出现的，其内容在两个标签中间。单独出现的标签，则在标签属性中赋值，如<h1>标题</h1>和<input type="text" value="按钮" />。
- 网页的内容需在<html>标签中，标题、字符格式、语言、兼容性、关键字、描述等信息显示在<head>标签中，而网页需展示的内容需嵌套在<body>标签中。某些时候，不按标准书写代码虽然可以正常显示，还是应该养成正规编写习惯。

2. 店铺中常见的链接代码有哪些？

熟悉常见的链接代码可以快速进行代码的编辑，下面分别对这些常见的链接代码进行介绍。

- 店铺音乐代码：< bgsound src="音乐网址" loop="-1"></bgsound>。
- 图片代码：< img border="0" src="这里放图片地址" />或<img src="这里放图片地址" />。
- 悬浮挂饰代码：< img src="这里放图片地址" style="left:20px; position: relative; top:0px" />。其中，left、top的值可根据需要自行确定。
- 字体大小代码：< font size="2">这里放要处理的文字，可用3、4、5等设置大小</font>。
- 字体颜色代码：< font color="red">这里放要处理的文字</font>。color的值可以换成blue、yellow等。
- 文字链接代码：< a href="网页地址">链接的文字，在分类栏里用时链接的网页地址必须缩短</a>。
- 移动文字代码：< marquee >从右到左移动的文字</marquee>。
- 图片附加音乐代码：< img border=0 src="这里放图片地址" dynsrc="这里放音乐地址">。
- 浮动图片代码：< img alt="1" height="150" src="这里放图片地址" />。

7.4　课堂实训——对料理机首页进行切片

【实训目标】

对料理机的首页进行切片，并使其以海报的形式进行显示。

【实训思路】

在制作时，先打开料理机海报，并添加辅助线，再进行切片和保存。

STEP 01 打开"料理机.jpg"图像文件（配套资源:\素材文件\第7章\料理机.jpg），如图7-47所示。

STEP 02 选择【视图】/【标尺】命令，或按"Ctrl+R"组合键打开标尺，从左侧和顶端拖动参考线，设置切片区域。

STEP 03 在工具箱中选择"切片工具" ，在工具属性栏中单击 基于参考线的切片 按钮，图像将基于参考线等分成多个小块。

STEP 04 选择【文件】/【存储为Web所用格式】命令，打开"存储为Web所用格式"对话框。单击 存储… 按钮，在打开的对话框中选择保存格式为"HTML和图像"，然后设置保存位置与保存名称。

STEP 05 单击 保存(S) 按钮完成切片的存储，在保存路径下查看保存效果，可以看到一个HTML网页文件及一个名为images的文件夹，查看打开后的效果，如图7-48所示（配套资源:\效果文件\第7章\料理机切片\）。

图7-47　素材文件

图7-48　切片后的效果

第8章 设计无线端店铺

随着移动互联网的发展，越来越多的人开始喜欢用无线设备上网购物，如手机、平板电脑，无线端购物已经成为当前的购物趋势。由于受到无线设备屏幕大小的限制，直接将店铺PC端的装修模式搬到无线端店铺会出现许多问题，如显示效果不好、体验不佳，最终影响店铺的销售额。因此，优化无线端店铺是淘宝商家刻不容缓的工作。下面主要对无线端店铺的装修方法进行介绍。

- 无线端店铺装修的基础知识
- 无线端首页设计与制作
- 无线端详情页的设计与制作

本章要点

8.1　无线端店铺装修的基础知识

随着无线设备的普及、无线端的发展，无线端购物已经成为了网购的主流。为了使网购变得更加便利，无线端淘宝店铺应运而生。如何让无线端店铺变得更具有吸引力，成了无线端装修的主要问题。下面介绍无线端店铺装修的基础知识。

8.1.1　无线端店铺装修的必要性

移动互联网技术的发展，极大地刺激了与无线端匹配的购物平台的产生，如手机淘宝、微信、蘑菇街等。各大电商纷纷开发出公司的APP，使用移动设备逛网店成为一种新的潮流趋势，其具有灵活、方便的特点，客户可随时随地购物。为此，淘宝APP、天猫APP、WAP端口等访问无线端店铺的端口应运而生。互联网数据中心显示，人们通过移动设备访问网页的数量不断增多，特别是在节假日期间，远远超过了PC端，店铺中很大一部分的流量来自于无线端，因此无线端店铺的装修对于任何一位商家都十分重要。

好的无线端店铺设计不但能使客户感到眼前一亮，还能扩大店铺的影响，促进商品的卖出。因此，无线端店铺应该如PC端一样，不但要从商品上吸引客户，还要从整体设计上吸引客户。图8-1所示为无线端客户数量较多的店铺装修效果。

图8-1　无线端客户数量较多的店铺装修效果

8.1.2　无线端店铺的装修要点

在无线端店铺中购物虽然很方便、快捷，但无线端设备面积有限，且受到系统、储存设备等软硬件的限制，所以装修起来并不是那么容易。如何才能装修出一个具有吸引力的无线端店铺呢？我们在实际装修设计过程中，应首先把握好以下5点。

- 目标明确，内容简洁：无线端淘宝店铺的面积空间有限，若页面中放置的内容太多，将显得烦琐、杂乱，进而影响客户的浏览体验，这就要求内容精简，并且突出重点。

- **图片不要太大**：为了使客户获得快速浏览页面的良好体验，应在尽量确保图片清晰的前提下用一些压缩工具对图片进行压缩。
- **页面色调简洁而统一**：无线端APP界面设计中，色彩是很重要的一个UI设计元素。合理、舒适的色彩搭配可以为店铺加分。移动设备屏幕大小有限，简洁整齐、条理清晰的页面更容易让客户一目了然，避免视觉疲劳，因此在颜色选择上要做到色调简洁而统一，尽量使用纯色或者浅色的图片来做背景，尽量少使用类别不同的颜色，以免让人眼花缭乱、让整个页面混乱；杜绝使用对比强烈，让客户产生憎恶感的颜色。
- **颜色不宜太暗淡**：尽量调高图片的亮度和纯度，增加商品图片的通透性，确保客户可以在各种条件下（省电模式、光线过强等）都能清晰地查看。
- **部分模块重点展示**：店铺的商品分类、促销活动和优惠信息等客户重点关注的信息要重点展示。

8.1.3 无线端店铺与PC端店铺大比拼

在装修过程中，很多商家会把PC端的图片直接运用到无线端店铺中，这会出现尺寸不合和展现效果不佳的问题。无线端店铺的图片看似较小，其实大有玄机，对最终成交起着关键作用。下面分别对无线端和PC端的区别进行介绍。

- **尺寸不同**：无线端设备显示的宽度为750像素，而计算机的显示宽度一般为950像素，若照搬PC端店铺的图片到无线端店铺，容易导致尺寸不适应无线端设备屏幕的大小，从而造成显示不全、界面混乱、浏览效果不佳的问题。图8-2所示为无线端香影店铺的首页和PC端香影店铺首页的对比效果。

图8-2 无线端、PC端店铺尺寸对比

- **布局不同**：无线端更注重浏览体验，省略了边角的活动模块及详细的广告文案，将PC端的三栏图片精简到两栏，并将海报中的文案、价格等信息通过加大字号、调整颜色突出显示出来，使其更适合在无线端设备上阅读。

● 详情不同：PC端会通过较多的文字来说明商品的卖点、店铺促销和优惠等信息，但无线端店铺的详情页要用简单的文字、较多的图片信息来进行阐述。

● 分类不同：无线端结构分类明确，模块划分清晰，体现出少而精的特点，并且这些特点常使用图片或是较大的文字进行体现，而PC端的分类信息更详细。无线端的字体明显较粗，识别性更强。图8-3所示为无线端香影店铺分类栏和PC端香影店铺分类栏的对比效果。

图8-3　无线端、PC端店铺分类栏的对比效果

● 颜色不同：PC端会使用深色系体现店铺的风格和品质；而无线端由于预览面积小，视觉受限，因此店铺颜色要鲜亮，这样才能使客户有愉悦感。图8-4所示为无线端店铺颜色和PC端店铺颜色的对比效果。

图8-4　无线端、PC端店铺颜色对比效果

8.2 无线端首页设计与制作

PC端的首页一般展示的是品牌形象、店铺活动等信息，访问首页的方式多为通过商品详情页直接跳转到店铺首页，直接访问店铺首页的情况并不多。无线端访问店铺的方式则比较灵活，如扫描店铺的二维码、店铺微淘、搜索店铺、详情页跳转等，可直接进行访问，首页起的作用比PC端更大。在设计无线端店铺首页时，要更加注意风格的定位、商品的选择与模块的构成。下面对装修要点、注意事项和装修方法进行介绍。

8.2.1 无线端首页模块组成和装修要点

从整体内容上看，无线端店铺首页必须承载8大内容，包括店招、会员分享、商品、分类、活动、形象、优惠券和微淘，每个模块都有其固定的作用。图8-5所示为一个典型的无线端店铺首页布局图，从图中可以看出，无线端模块与PC端模块的分布大不相同，其内容也有所区别。

下面分别对无线端首页中常见模块的装修要点进行介绍。

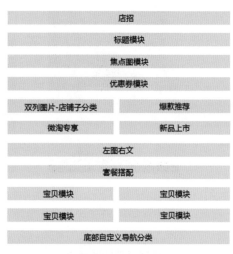

图8-5 首页布局

- 店招模块：无线端店招的尺寸为750像素×254像素，文件大小不超过3MB，一般包含店铺名称、Logo、收藏与分享按钮、营销亮点、店铺活动、背景图片等内容。由于位于页面的顶端，显示的比例比PC端大，因此更为抢眼，一般要求主题鲜明、颜色亮丽，以便在吸引客户眼球的同时宣传店铺。在设计店招时，可从行业地位、店铺特性、活动主题等角度出发。

- 标题模块：主要用于区分商品类别，展示店铺的优势、品牌理念等，最多支持12个中文字符。

- 焦点图模块：常见图片大小为640像素×（200~960）像素，一般用于店铺活动宣传、店铺商品宣传、店铺形象宣传等。在制作轮播焦点图时，轮播图最多可以添加4张。

- 优惠券模块：在制作时要求醒目、清晰、互动性强，具有分隔空间、活跃页面的效果。可以使用多图模块、左文右图等模块进行制作，在制作时可表现微淘专享、新品上市等内容。

- 左图右文模块：常见图片大小为608像素×106像素，文件大小在100KB以内，一般用于店铺活动宣传、店铺王牌商品展示、店铺文化介绍等。制作时，要求清晰准确，用一些引导按钮引导客户点击。

- 套餐搭配模块：告知客户店铺套餐搭配，以提高成交量。

- 宝贝模块：用于对店铺的商品进行展示，在注意布局的同时应尽量将主营的商品全部覆盖。展示时，应将王牌商品、热销商品进行重点、突出展示，可通过色相对比吸引客户眼球，或添加相应元素引导客户。
- 底部自定义导航分类模块：引导分类商品，有效促进客户分流。

8.2.2　制作无线端店招

　　店招位于无线端首页的顶端，下面将制作一个坚果店铺的无线端店招。在制作时，由于左侧需要添加店标和店名，因此不宜放置文案。为了突出坚果主题，将添加对应的坚果图标。其具体操作如下。

STEP 01　新建大小为750像素×254像素，分辨率为72像素/英寸，名为"无线端店招"的文件。打开"店招背景.jpg"图像文件（配套资源:\素材文件\第8章\店招背景.jpg），将其拖动到新建的文件中，调整位置和大小，如图8-6所示。

STEP 02　打开"矢量素材.psd""店招坚果.psd"图像文件（配套资源:\素材文件\第8章\矢量素材.psd、店招坚果.psd），将其拖动到新建的文件中，调整位置和大小，如图8-7所示。

图8-6　设置店招背景

图8-7　添加店招素材

STEP 03　选择"椭圆工具" ，在工具属性栏中设置填充颜色为"#008363"，按"Shift"键绘制正圆，按"Ctrl+J"组合键复制圆，排列成如图8-8所示的效果。

STEP 04　选择"横排文字工具" ，设置字体、字号、颜色分别为"汉仪小麦体简""75点""#ffffff"，在圆上输入文本，如图8-9所示。

图8-8　绘制绿色圆

图8-9　在圆上输入文本

STEP 05 选择【图层】/【图层样式】/【投影】命令，打开"图层样式"对话框，设置颜色、距离、扩展、大小分别为"#d2c71d""5像素""10%""5像素"，单击 确定 按钮，对文字添加投影效果，如图8-10所示。

STEP 06 新建图层，选择"矩形选框工具" ，在图像下方绘制矩形，将前景色设置为"#005a44"，按"Alt+Delete"组合键填充颜色。

STEP 07 继续输入其他文本，设置字体为"方正卡通简体"，文字颜色为"#ffffff"，字号为"21点"，调整位置，如图8-11所示。

图8-10 设置投影参数

图8-11 绘制矩形并输入文字内容

STEP 08 再次打开"矢量素材.psd"图像文件（配套资源:\素材文件\第8章\矢量素材.psd），将其中的卡通坚果图像拖动到"每日坚果"文字的右下方，调整大小，烘托气氛。完成后将小的坚果素材依次拖动到对应的文字处，保存文件并查看完成后的效果，如图8-12所示（配套资源:\效果文件\第8章\无线端店招.psd）。

图8-12 查看完成后的效果

经验之谈：

店招中不用添加店铺的名称以及 Logo，因为在装修后淘宝会自动将店铺名称、店标、关注、粉丝数添加到右侧区域，并对其进行显示。

8.2.3 制作无线端焦点图

焦点图也称海报图，在设计无线端焦点图时，由于屏幕尺寸较小，因此在构图方式和文本设计方面都要求简洁。下面采用文字居中的结构方式为坚果店铺制作焦点图，制作时需要突出坚果礼包，其具体操作如下。

STEP 01 新建大小为650像素×540像素，分辨率为72像素/英寸，名为"无线端焦点图"的文件。打开"背景图片.jpg"图像文件（配套资源:\素材文件\第8章\背景图片.jpg），将其拖动到新建的文件中，调整位置和大小。

STEP 02 打开"矢量素材.psd"图像文件（配套资源:\素材文件\第8章\矢量素材.psd），将其中的矢量素材拖动到背景中，调整位置和大小，如图8-13所示。

STEP 03 选择"矩形工具" ，在工具属性栏中设置填充颜色为"#ffffff"，在中间区域绘制430像素×245像素的矩形，按"ESC"键，再在工具属性栏中单击 按钮，在打开的下拉列表中选择"减去顶层形状"选项，如图8-14所示。

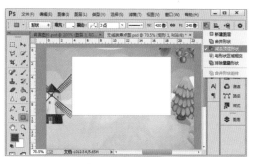

图8-13 设置焦点图背景　　　　　　　　　　图8-14 绘制矩形

STEP 04 选择"椭圆工具" ，在矩形的4个角处依次绘制正圆，此时可发现绘制区域被自动减去，形成空白效果，如图8-15所示。

STEP 05 复制图像，按"Ctrl+T"组合键执行自由变换操作，将鼠标光标移动到右上角，按住"Shift"键不放向矩形中心拖动，将形状等比例缩小，如图8-16所示。

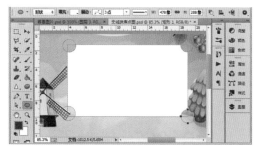

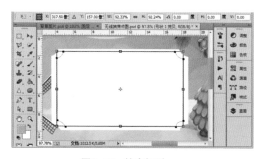

图8-15 减去圆部分　　　　　　　　　　图8-16 缩小矩形

STEP 06 栅格化缩小后的形状，选择【编辑】/【描边】命令，打开"描边"对话框，设置宽度为"2像素"，设置颜色为"#92e374"，单击 确定 按钮，如图8-17所示。

STEP 07 调整两个形状的位置，并查看描边后的效果，如图8-18所示。

STEP 08 选择"形状 1"图层，打开"图层样式"对话框，单击选中"投影"复选框，在右侧面板中设置不透明度、距离和大小分别为"29%""4像素""4像素"，单击 确定 按钮，如图8-19所示。

STEP 09 选择"椭圆工具" ，在形状的下方绘制2个颜色为"#a0ce1f"和"#dcf65e"的椭圆，使其重叠显示，如图8-20所示。

图8-17　设置描边参数

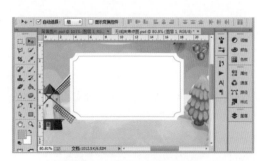

图8-18　查看描边后的效果

图8-19　设置投影参数

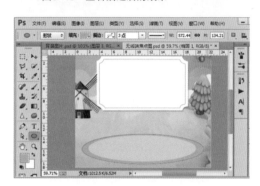

图8-20　绘制椭圆

STEP 10 打开"焦点图大礼包素材.psd"图像文件（配套资源:\素材文件\第8章\焦点图大礼包素材.psd），将其中的大礼包素材拖动到椭圆的上方，调整位置和大小，如图8-21所示。

STEP 11 新建图层，选择"画笔工具" ，在大礼包素材的下方进行涂抹，制作投影效果，完成后打开"图层"面板，设置不透明度为"51%"，并将图层移动到大礼包的下方，如图8-22所示。

图8-21　添加大礼包素材

图8-22　绘制投影

STEP 12 再次打开"矢量素材.psd"图像文件（配套资源:\素材文件\第8章\矢量素材.psd），将其中的卡通坚果拖动到大礼包的右侧，调整大小，烘托气氛，如图8-23所示。

STEP 13 选择"横排文字工具" ，在工具属性栏中设置字体为"汉仪小麦体简"，颜色为"#000000"，在白色形状的上方输入文字，调整各个文字的大小，并将"坚"字的颜色修改为"#ed3f3e"，如图8-24所示。

STEP 14 选择"我"图层，打开"图层样式"对话框，单击选中"描边"复选框，在右侧面板中设置大小、位置和颜色分别为"5像素""外部""#fafdff"，如图8-25所示。

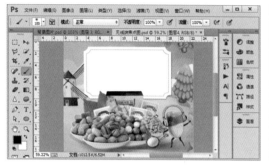

图8-23 添加卡通坚果素材

图8-24 输入文字

STEP 15 单击选中"投影"复选框，在右侧面板中设置投影颜色、不透明度、距离和大小分别为"#b9e5f9""75%""12像素""4像素"，单击 确定 按钮，如图8-26所示。

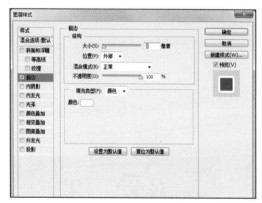
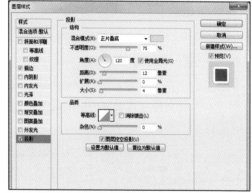

图8-25 制作文字描边效果

图8-26 制作文字投影效果

STEP 16 拷贝"我"图层的图层样式，分别粘贴到其他文字中，使其都应用设置好的图层样式，查看粘贴后的文字效果，如图8-27所示。

STEP 17 选择"圆角矩形工具" ，设置填充颜色为"ed3f3e"，在"我爱"文本下方绘制180像素×35像素的圆角矩形，如图8-28所示。

STEP 18 选择"横排文字工具" ，在工具属性栏中设置字体为"方正粗圆简体"，颜色为"#f8fcfe"，文字大小为"31点"，在圆角矩形上方输入"自然&美味"，如图8-29所示。

STEP 19 再次选择"横排文字工具" ，打开"字符"面板，设置字体为"文鼎POP-4"，字号为"20点"，颜色为"#505050"，单击 按钮，加粗显示文字，如图8-30所示。

图8-27　复制图层样式后的文字效果

图8-28　绘制红色圆角矩形

图8-29　输入"自然&美味"文本

图8-30　输入其他文本

STEP 20 选择"直线工具" ，在工具属性栏中设置填充色为"#000000"，在文字的左、右两侧绘制80像素×3像素的直线，如图8-31所示。

STEP 21 保存文件，查看完成后的效果，如图8-32所示（配套资源:\效果文件\第8章\无线端焦点图.psd）。

图8-31　绘制直线

图8-32　查看完成后的效果

8.2.4　制作无线端优惠券

无线端优惠券与PC端优惠券的制作方法大致相同，但是在PC端可以根据页面的大小新建多张优惠券，而无线端则要注重优惠券分布的问题，一栏中多为2张或是3张优惠券。下面继续为坚果店铺创建优惠券，其具体操作如下。

扫一扫

制作无线端优惠券

STEP 01 新建大小为750像素×600像素，分辨率为72像素/英寸，名为"无线端优惠券"的文件。打开"优惠券背景.jpg"图像文件（配套资源:\素材文件\第8章\优惠券背景.jpg），将其拖动到新建的文件中，调整位置和大小。

STEP 02 选择"圆角矩形工具" ▢，设置填充颜色为"#c0331f"，在背景的左上角绘制290像素×150像素的圆角矩形，如图8-33所示。

STEP 03 按"Ctrl+J"组合键复制矩形，将矩形向上拖动，并设置填充颜色为"#fd707b"，使其形成叠加效果，如图8-34所示。

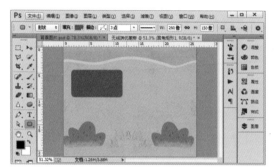

图8-33 添加背景并绘制圆角矩形

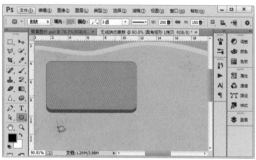

图8-34 复制圆角矩形并修改矩形颜色

STEP 04 按"Ctrl+J"组合键复制矩形，按"Ctrl+T"组合键进行变换操作，按住"Shift+Alt"组合键向下拖动调整点，等比例缩小圆角矩形，完成后将填充颜色修改为"#fdeca7"，如图8-35所示。

STEP 05 双击黄色圆角矩形对应的图层，打开"图层样式"对话框，单击选中"投影"复选框，在右侧面板中设置投影颜色、不透明度、距离和大小分别为"#c0331f""47%""2像素""7像素"，单击 确定 按钮，如图8-36所示。

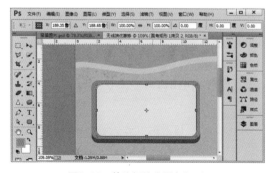

图8-35 等比例缩小圆角矩形

图8-36 设置圆角矩形的投影

STEP 06 选择"横排文字工具" ，在工具属性栏中设置字体为"迷你简粗圆"，输入如图8-37所示的文字，并设置"5"的文字颜色为"#eb2534"，其他文字颜色为"#794913"，调整文字大小和位置。

STEP 07 双击"5"图层，打开"图层样式"对话框，单击选中"描边"复选框，在右侧面板中设置大小、位置、不透明度和颜色分别为"4像素""外部""90%""#ffffff"，单击 确定 按钮，如图8-38所示。

图8-37　输入优惠券文字

图8-38　设置"5"描边参数

STEP 08 选择"圆角矩形工具" ，设置填充颜色为"#fbc32b"，描边颜色为"#ffffff"，描边粗细为"2像素"，在优惠券的右侧绘制32像素×105像素的圆角矩形，如图8-39所示。

STEP 09 选择"直排文字工具" ，在工具属性栏中设置字体为"迷你简粗圆"，输入"立即领取"文字，调整文字大小，并设置描边粗细为"1像素"，描边颜色为"#c07017"，如图8-40所示。

图8-39　绘制黄色的圆角矩形

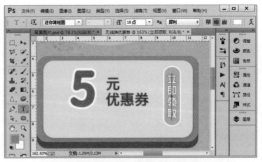

图8-40　输入文字并添加描边效果

STEP 10 选择"圆角矩形工具" ，设置填充颜色为"#794913"，在文字的下方绘制162像素×24像素的圆角矩形，如图8-41所示。

STEP 11 打开"图层样式"对话框，单击选中"渐变叠加"复选框，在右侧面板中设置渐变颜色为"#ffb31d~#fdd13d"渐变，如图8-42所示。

STEP 12 单击选中"投影"复选框，在右侧面板中设置投影颜色、不透明度、距离和大小分别为"#c0331f""47%""1像素""2像素"，单击 确定 按钮。

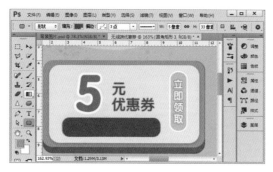

图8-41　绘制圆角矩形

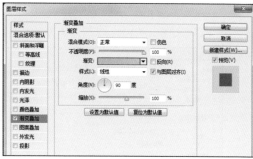

图8-42　设置渐变叠加颜色

STEP 13　复制圆角矩形，并将其等比例缩小。

STEP 14　打开"图层样式"对话框，撤销选中"渐变叠加"复选框，单击选中"内阴影"复选框，设置内阴影颜色、不透明度、距离、大小分别为"#8d560a""35%""3像素""6像素"，单击 确定 按钮，如图8-43所示。

STEP 15　选择"横排文字工具" T，在圆角矩形中输入文字，并设置字体为"迷你简粗圆"，调整文字大小和位置。

STEP 16　新建图层，选择"钢笔工具" ，在左上角绘制形状，完成后将其转换为选区，并填充为"#b77c06"颜色，效果如图8-44所示。

STEP 17　再次新建图层，选择"钢笔工具" ，在形状的上方继续绘制相同的形状，并填充为"#fff265"颜色，选择"横排文字工具" T，在形状上方输入"请领取满减券"文字，调整其大小和位置。选择"请领取满减券"图层，单击"创建文字变形"按钮 ，打开"变形文字"对话框，在"样式"下拉列表中选择"旗帜"选项，设置"弯曲"为"-34%"，单击 确定 按钮，查看文字变形的效果，如图8-45所示。

图8-43　设置内阴影样式

图8-44　输入文字并绘制形状

图8-45　输入并变形文字

STEP 18　选择"请领取满减券"图层，打开"图层样式"对话框，单击选中"描边"复选框，在其中为文字添加大小为"2像素"，颜色为"#eb2534"的描边效果，如图8-46所示。

STEP 19　在"图层"面板中单击 按钮，新建组，双击新建的组，使其呈可编辑状态，在其中输入"优惠券1"。依次将图层拖动到组中，避免在拖动过程中修改图形。

STEP 20 选择"移动工具" ，选择"优惠券1"组，按住"Alt"键不放，向右拖动，复制其他优惠券，完成后修改图像中的金额，保存图像并查看完成后的效果，如图8-47所示（配套资源:\效果文件\第8章\无线端优惠券.psd）。

图8-46　设置描边样式

图8-47　查看完成后的效果

8.2.5　制作无线端促销区展示图

无线端促销区展示图主要是为了展示店铺中的热销商品和主打商品。在制作该图片时，不但要将商品展现出来，还要将促销文字展现出来，内容不要过多，要卖点鲜明。下面讲解无线端促销区展示图的制作方法，其具体操作如下。

STEP 01 新建大小为750像素×1200像素，分辨率为72像素/英寸，名为"无线端促销区展示图"的文件。打开"展示区背景.jpg"图像文件（配套资源:\素材文件\第8章\展示区背景.jpg），将其拖动到新建的文件中，调整位置和大小。

STEP 02 新建图层，使用"钢笔工具" 绘制如图8-48所示形状，再将其转换为选区，并填充为"#fff3db"颜色。

STEP 03 打开"图层样式"对话框，单击选中"描边"复选框，在其中为形状添加大小为"6像素"，颜色为"#2e6d1f"的描边效果，如图8-49所示。

STEP 04 打开"匾牌.psd""商品素材.psd"图像文件（配套资源:\素材文件\第8章\匾牌.psd、商品素材.psd），将其拖动到形状中，调整位置和大小，如图8-50所示。

图8-48　绘制形状

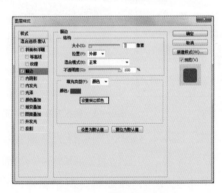

图8-49　添加描边效果

图8-50　添加素材

STEP 05 选择"横排文字工具" T，在工具属性栏中设置字体为"微软雅黑"，输入文字，调整文字的大小和位置，并将"89"的字体修改为"News701 BT"，颜色修改为"#488818"。

STEP 06 选择"直线工具" ，在文字与价钱的中间绘制一条虚线，如图8-51所示。

STEP 07 选择"圆角矩形工具" ，在"89"的下方绘制一个圆角矩形，完成后栅格化图层。

STEP 08 选择"多边形套索工具" ，在工具属性栏中单击 按钮，在圆角矩形的左侧绘制一个菱形，完成后按"Delete"键即可删除选区中的内容。

STEP 09 选择"横排文字工具" T，在圆角矩形中输入文字，并设置字体为"微软雅黑"，调整文字的大小和位置，如图8-52所示。

STEP 10 双击"麻辣零食礼包"图层，打开"图层样式"对话框，单击选中"渐变叠加"复选框，设置渐变颜色为"#478427~#a5da42"，如图8-53所示。

图8-51 绘制虚线

图8-52 绘制形状并输入文字

STEP 11 拷贝渐变叠加图层样式，然后粘贴到圆角矩形图层中，使矩形呈渐变效果显示。

STEP 12 完成后选择圆角矩形图层，再次打开"图层样式"对话框，单击选中"投影"复选框，设置距离和大小均为"5像素"，单击 确定 按钮，如图8-54所示。

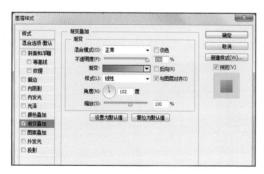

图8-53 添加渐变效果

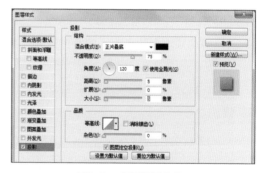

图8-54 设置投影参数

STEP 13 返回图像编辑区，可发现圆角矩形已经添加了渐变和投影效果。完成后选择所有文字图层，在"图层"面板中单击 按钮，将所有文字图层进行链接，方便复制操作。

STEP 14 完成后选择右侧所有的文字内容，按住"Alt"键不放，向下进行拖动，对文字内容进行复制，完成后将复制的文字修改为右侧或左侧商品图片的文字内容。完成后保存图像，并查看完成后的效果，如图8-55所示（配套资源:\效果文件\第8章\无线端促销区展示图.psd）。

图8-55　查看完成后的效果

8.2.6　制作无线端列表页面

扫一扫

在无线端，促销页面只能展示促销商品。其展示的商品较少，很难将大多数商品依次展现出来。此时，可使用列表页面通过小板块的展示方式对商品进行依次展现，其具体操作如下。

STEP 01 新建大小为750像素×1270像素，分辨率为72像素/英寸，名为"无线端列表页面"的文件。打开"列表页面背景.jpg""匾牌.psd"图像文件（配套资源:\素材文件\第8章\列表页面背景.jpg、匾牌.psd），将其拖动到新建的文件中，调整位置和大小，如图8-56所示。

STEP 02 选择"矩形工具"▢，在工具属性栏中设置填充颜色为"#fefbfc"，描边颜色和描边大小分别设置为"#009944""4.4点"，在左侧绘制295像素×350像素的矩形。

STEP 03 打开"商品素材.psd"图像文件（配套资源:\素材文件\第8章\商品素材.psd），将其中的芒果拖动到矩形的上方，调整位置和大小，如图8-57所示。

图8-56　添加匾牌　　　　　　　图8-57　绘制矩形并添加素材效果

STEP 04 新建图层，使用"钢笔工具"✒绘制形状，再将其转换为选区，并填充为"#009944"颜色；选择"横排文字工具"T，在商品展示中输入文字，并设置字体为"微软雅黑"，调整文字的大小和位置，如图8-58所示。

STEP 05 选择"圆角矩形工具" ，在"27.9"文字右侧绘制105像素×35像素的圆角矩形，并设置填充颜色为"#fcf729"，完成后输入"立即抢购"文字，并在文字右侧绘制小三角形，如图8-59所示。

图8-58 绘制形状并输入文字　　　　　　图8-59 绘制"立即抢购"图标

STEP 06 完成后选择左侧所有的文字和形状内容，按住"Alt"键不放，向下、向右进行拖动，对选择的内容进行复制，之后对复制内容中的图片和文字进行修改。完成后保存图像，并查看完成后的效果，如图8-60所示（配套资源:\效果文件\第8章\无线端列表页面.psd）。

图8-60 查看完成后的效果

8.3 无线端详情页的设计与制作

　　无线端详情页与PC端详情页类似，其主要区别在于文字更少，多用图片进行表述，板块内容较少，效果图要更加突出卖点，而且在制作时多展示商品的细节，而对售后等内容没有过多的提及。下面对无线端详情页的特征、设计要点和制作方法分别进行介绍。

8.3.1 无线端详情页的特征

详情页决定了店铺流量的转化率。由于越来越多的人选择使用无线设备购物，因此无线端详情页的设计与制作势在必行。与PC端的详情页相比，无线端的详情页具有以下5个特征。

- 尺寸更小：无线端的详情页尺寸往往比较小，宽度一般为620像素，一屏高度不超过960像素。为了能在一屏内展示客户想看的内容和信息，就需要考虑页面的长度。
- 卖点更加精炼：无线端详情页可以参照PC端，但是无线端更加注重在最短的时间内把客户的购买欲望放到最大，因此无线端详情页中的卖点更加精炼。
- 场景更加丰富：由于无线端客户可以在多种场景内进行购物，如车上、床上、步行中等，因此在无线端详情页中添加多种场景可以更加贴近生活，增加客户对商品的了解。
- 页面切换不便：在PC端可以很方便地通过页面的文字或按钮切换页面，而在无线端页面的切换就不是很方便。因此，无线端的图片以及图片上的引导文字更清晰并且具有吸引力，更能够快速打动客户。
- 页面文件的容量更小：在PC端，浏览详情页平均需要9MB流量。若直接将PC端详情页转化为无线端详情页，将导致页面加载缓慢，耗费客户更多的流量，因此无线端详情页的页面文件更小。

8.3.2　无线端详情页的设计要点

基于无线端详情页的特征，在设计详情页时需要注意以下3点。

- 图片设计要点：图片不能太大，否则容易导致加载缓慢，影响购物体验，此时应在保证图片清晰的前提下压缩图片。细节图不能太小，尽量保证清晰度，让客户能够看见细节详情，产生购买欲望。
- 文字设计要点：图片文字、信息和商品描述文字都不能太小，否则容易造成诉求不清晰。
- 商品重点设计：商品重点要突出，这就要合理控制页面展示的信息量，省略一些无关紧要的内容，让客户拥有良好的购物体验。

8.3.3　无线端详情页设计

无线端详情页的设计与PC端类似，都可分为焦点图、信息展示图、卖点图等内容，但其文字较少，图片展现较多。下面将根据PC端详情页的制作方法对无线端详情页进行制作，使其效果更加符合无线端的需求，其具体操作如下。

STEP 01 新建大小为620像素×4500像素，分辨率为72像素/英寸，名为"无线端详情页"的文件。打开"详情页焦点图背景.jpg"图像文件（配套资源:\素材文件\第8章\详情页焦点图背景.jpg），将其拖动到新建的文件中，调整位置和大小，如图8-61所示。

STEP 02 选择"横排文字工具" **T**，在工具属性栏中设置字体为"文鼎POP-4"，文字颜色为"#784f31"，输入如图8-62所示文字，调整文字的大小和位置。

STEP 03 选择"直线工具" **╱**，在小字的上、下绘制两条粗细为"2像素"的虚线，并设置描边颜色为"#6a3906"，如图8-63所示。

图8-61 打开背景素材　　　　　　　图8-62 输入文字　　　　　　　图8-63 绘制虚线

STEP 04 选择"圆角矩形工具" ，在工具属性栏中设置半径为"15像素"，颜色为"#fcbe07"，在图片的下方绘制520像素×40像素的圆角矩形。

STEP 05 打开"坚果素材1.jpg"图像文件（配套资源:\素材文件\第8章\坚果素材1.jpg），将其拖动到圆角矩形的下方，调整位置和大小，如图8-64所示。

STEP 06 选择"横排文字工具" **T.**，在工具属性栏中设置字体为"黑体"，设置参数文字颜色为"#604002"，其他文字颜色为"#9e816c"，输入如图8-65所示的文字，调整文字的大小和位置。

STEP 07 选择"直线工具" ，在"商品参数"和"个大壳薄品质佳"的上、下各绘制两条粗细为"1像素"的虚线，并设置描边颜色为"#fcbe07"，如图8-66所示。

图8-64 添加素材文件　　　　　　图8-65 输入参数文字　　　　　　图8-66 绘制虚线

STEP 08 选择"矩形工具" ，在工具属性栏中设置填充颜色为"#fcbe07"，在图像下方绘制620像素×740像素的矩形。打开"坚果素材2.jpg"图像文件（配套资源:\素材文件\第8章\坚果素材2.jpg），将其拖动到矩形中，调整位置和大小，并设置描边大小为"10像素"，描边颜色为"#ffffff"，如图8-67所示。

STEP 09 选择"横排文字工具" **T.**，在工具属性栏中设置字体为"黑体"，设置文字颜色为"#ffffff"，输入如图8-68所示的文字，调整文字的大小和位置。

STEP 10 打开"坚果小素材.psd"图像文件（配套资源:\素材文件\第8章\坚果小素材.psd），将一个小坚果拖动至上方文字的左侧，如图8-69所示。

图8-67　打开素材并添加描边　　　　图8-68　输入文字　　　　图8-69　添加小坚果

STEP 11 打开"坚果素材3.jpg"图像文件（配套资源:\素材文件\第8章\坚果素材3.jpg），将其拖动到黄色矩形下方，调整位置和大小。选择"横排文字工具" T ，输入如图8-70所示的文字，再在工具属性栏中设置字体为"黑体"，设置"轻轻一捏就奶香四溢"的文字颜色为"#854c23"，其他文字颜色为"#9e816c"，调整文字的大小和位置。

STEP 12 打开"坚果小素材.psd"图像文件（配套资源:\素材文件\第8章\坚果小素材.psd），将一个小坚果拖动到上方文字的右侧，再选择"直线工具" ，在文字的下方绘制两条粗细为"2像素"的虚线，并设置描边颜色为"#ffcbe07"，如图8-71所示。

STEP 13 新建图层，使用"钢笔工具" 绘制形状，再将其转换为选区，并填充为"#fcbe07"颜色，如图8-72所示。

图8-70　输入说明性文字　　　　图8-71　添加素材并绘制虚线　　　　图8-72　绘制形状

STEP 14 打开"坚果素材4.psd"图像文件（配套资源:\素材文件\第8章\坚果素材4.psd），将其中的图片依次拖动至矩形中，调整位置和大小，如图8-73所示。

STEP 15 选择"横排文字工具" T ，在工具属性栏中设置字体为"黑体"，在上方的白色位置处输入"实物拍摄"文字，完成后调整文字颜色和大小，并在文字上、下位置处绘制虚线，如图8-74所示。

STEP 16 继续在素材的中间空白区域输入其他文字，设置字体为"黑体"，文字颜色为
"#ffffff"，如图8-75所示。

图8-73 添加素材

图8-74 输入文字并绘制虚线

图8-75 输入其他文字

STEP 17 完成后保存图像，并查看完成后的效果，如图8-76所示（配套资源:\效果文件\第8
章\无线端详情页.psd）。

图8-76 查看完成后的效果

8.4 知识拓展

1. 无线端和PC端有何区别？

无线端和PC端都属于淘宝网的一个分支，淘宝店铺都可根据实际情况，选择需要注重的端口。下面讲解无线端和PC端店铺有何区别。

- 客户在线时长不同：一般来说，无线端客户的在线时长会比PC端长，因此商家要注意PC端商品推广投放的时间，在投放时可以选择智能化的均匀投放，通过调整时间做好折扣，提高卖出量，而无线端则没有那么多的硬性规定，只需打开无线设备进入淘宝浏览与购买。
- 点击率不同：如今，无线端的点击率是PC端点击率的几倍，这不仅是因为无线端屏幕相对PC端屏幕小，还因为无线端的商品数量少，自然点击率就更高。
- 转化方式不同：相对PC端的多注重活动，无线端更多的是静默转化。
- 排名不同：无线端的展示位比PC端少，但流量比较集中，因此其排名较靠前，点击率也相对较高。
- 关键词不同：适用于PC端的关键词不一定也适用于无线端，因此商家在做无线端关键词的选择时，要能够在无线端下拉框的词表里面找到合适的推广关键词。

2. 无线端活动页的主要类型有哪些？

无线端的屏幕比较小，分辨率高，在文字与排版上都更注重浏览的体验。可是，其展现的商品和活动信息毕竟有限。利用活动页可以增加商品展现机会，多角度展现店铺目前促销情况。目前，淘宝上的活动页大致分为以下3类。

- 单品推广活动页：该页面主要用于打造热销单品。由于强调单品，因此制作该类型的页面时要突出该商品的卖点，信息传达要一致，突出商品的唯一性。
- 活动推广活动页：该类型活动页适用于追求整体活动感觉的专题活动，如中秋活动、国庆活动等。此外，该页面还适用于促销页面，如清仓甩卖活动页、低折扣活动页等。
- 商品搭配推荐活动页：该页面可以将商品按客户的需要进行组合搭配，提高店铺的转化率与客单价。需要注意的是，该页面中的搭配必须以客户的需求为中心，并不是为了搭配而搭配。使用商品搭配推荐活动页时，可以适当考虑优惠券与满减的使用，以进一步促成订单的达成。

8.5 课堂实训——制作无线端毛巾首页

【实训目标】

依据无线端坚果首页的制作方法，制作无线端毛巾首页，在制作时要注意各个板块的设计方法。

【实训思路】

在制作时按照店招→优惠券→海报→商品列表的步骤依次进行首页的制作。

STEP 01 打开素材图片（配套资源:\素材文件\第8章\毛巾首页素材\），将其拖动到新建的文件中，调整位置和大小，并在右侧输入文字内容。

STEP 02 根据各个版块的具体情况，绘制矩形框，并在其中分别插入图片，完成后添加优惠券信息。

STEP 03 在优惠券的下方添加图片，并在左侧部分绘制矩形框，并在矩形框中输入说明性文字。

STEP 04 制作商品列表时，先使用矩形框的形式制作，在其中简单罗列常见的商品信息，完成后在下方对特卖商品进行图文制作，注意要精细表现的内容要完整。

STEP 05 保存图片，查看完成后的效果，如图8-77所示（配套资源:\效果文件\第8章\无线端毛巾首页.psd）。

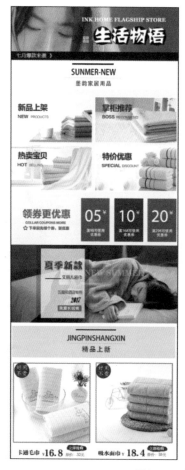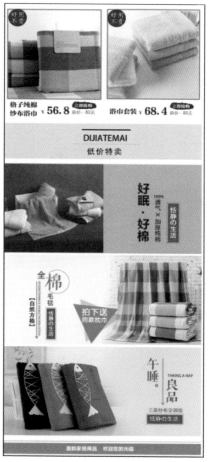

图8-77　查看完成后的效果

第 9 章 装修无线端店铺

当完成无线端首页和详情页的制作后，需要将制作好的模块依次装修到对应的区域，以方便浏览。无线端店铺的装修方法与PC端店铺的装修方法类似，都需要先将图片上传到图片空间中，再根据模块依次进行装修。下面讲解装修的常用方法，包括利用模块装修和利用自定义页面装修。

- 装修无线端首页
- 装修无线端详情页

9.1 装修无线端首页

无线端首页的装修方法与PC端相似，通过编辑模块，可以将制作好的图片上传并装修到店铺中，再根据该模块的需要选择合适的图片进行装修，完成后即可查看装修后的效果。下面讲解装修的常用方法，包括使用模板装修店铺、使用系统模块装修店铺和使用自定义模块装修店铺。

扫一扫

使用模板装修店铺

9.1.1 使用模板装修店铺

对于想要快速完成店铺装修的商家，模板装修无疑是不错的选择。利用模板，不但能节省设计时间，还可更加直观地展现商品。下面讲解使用模板装修的方法，其具体操作如下。

STEP 01 登录淘宝账号，进入"卖家中心"页面，在"店铺管理"栏中单击"手机淘宝店铺"超链接，如图9-1所示。

STEP 02 打开"无线店铺"页面，单击"立即装修"超链接，如图9-2所示。

图9-1 单击"手机淘宝店铺"超链接

图9-2 单击"立即装修"超链接

STEP 03 打开"装修手机淘宝店铺"页面，其中罗列了装修店铺的常用列表，这里单击"店铺首页"超链接，如图9-3所示。

STEP 04 打开"无线运营中心"页面，单击 +新增页面 按钮，打开输入对话框，在其中输入页面名称后单击 确定 按钮，如图9-4所示。完成后，在新增的首页右侧单击"编辑页面"超链接。

STEP 05 打开店铺装修页面，在左侧单击"模板"选项卡，打开"官方模板"页面，在其中单击 模板市场 按钮，如图9-5所示。

STEP 06 打开"装修市场"页面，在其中显示了不同类型的装修模板，这里单击"无线店铺模板"超链接，如图9-6所示。

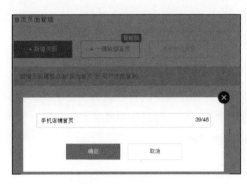

图9-3　单击"店铺首页"超链接　　　　　　　　　　　图9-4　新增页面

图9-5　单击"模板市场"按钮　　　　　　　　　　图9-6　单击"无线店铺模板"超链接

STEP 07 在打开页面左侧的"行业分类"栏中单击"更多选择"超链接，在右侧打开的面板中选择"食品茶饮"选项，此时右侧的页面中将显示相关的模板信息，如图9-7所示。

STEP 08 在右侧页面中选择一种模板样式后，单击其下方的超链接，如图9-8所示。

图9-7　选择"食品茶饮"选项　　　　　　　　　　图9-8　单击模板超链接

STEP 09 打开"模板详情"页面，在其中显示了模板的所有信息，并对无线端展示效果进行了显示。若符合需要，可直接在"周期"栏中选择模板的使用周期，并单击 立即购买 按钮，如图9-9所示。

STEP 10 打开支付页面，在其中显示了模板的规格，这里单击 同意并付款 按钮，直接进行购买，如图9-10所示。付款后即可在"模板"选项卡中查看购买的模板，若需使用，直接选择该模板即可。

经验之谈：

在购买模板时，若不确定该模板是否符合需求，可先单击 马上试用 按钮，进入"无线装修"页面，在其中查看该模板的整体布局效果。若是符合需要，可直接进行购买；若是不符合需要，可直接放弃购买，选择其他合适的模板。

图9-9　购买模板

图9-10　同意并付款

技巧秒杀

注意购买的模板不能直接使用，还需要对模板添加店铺商品，并将商品展示到模板中，其添加方法将在下一节中进行详细介绍，完成后发布即可。

9.1.2　使用系统模块装修店铺

购买的模板虽然漂亮，但是需要付费。若是初学者不想进行太多的投入，可先直接使用Photoshop CC制作各个模块的图片，再使用系统模块进行装修，让制作的图片直接展示在模块中。下面讲解使用系统模块装修店铺的方法。

STEP 01 在"卖家中心"页面单击"店铺装修"超链接，在"店铺装修"页面中单击"手机端"选项卡，在"手机淘宝店铺首页 线上首页"后单击 装修页面 按钮，如图9-11所示。

图9-11　进入手机端首页装修页面

STEP 02 进入手机端首页装修页面，在页面的左侧，单击"装修"选项卡，在其中选择"轮播图模块"选项后，向右侧的无线端面板拖动，将其拖动到店招的下方，此时该区域将显示"模块放置区域"文字，释放鼠标即可，如图9-12所示。

STEP 03 此时，可发现在店招的下方已经添加了一个名为"轮播图模块"的模块，如图9-13所示。

图9-12 添加模块

图9-13 查看已经添加的模块

STEP 04 选择"轮播图模块"，在右侧的面板中将鼠标指针移动到加号上，单击出现的 本地上传 按钮，如图9-14所示。

STEP 05 将制作的jpg格式的榨汁机海报上传到图片空间，并在图片空间中选择榨汁机海报，完成后单击 确认 按钮，如图9-15所示。

图9-14 单击"本地上传"按钮

图9-15 编辑轮播图模块

经验之谈：

单击 在线制作 按钮，在打开的页面中可以选择制作海报的模板，修改文字、图片或商品，可以快速完成海报的在线制作。需要注意的是，几张轮播图片的尺寸必须保持一致。

STEP 06 打开"选择图片"对话框，在其右侧显示了图片的裁剪框。拖动裁剪框，调整裁剪大小，这里将裁剪框调整为最大显示。在右侧则显示裁剪框中的裁剪尺寸，注意轮播图的最大尺寸为750像素×950像素，完成后单击 保存 按钮，如图9-16所示。

图9-16 保存图片

STEP 07 返回模块编辑区，可发现选择的图片已经显示到轮播图模块中。在右侧面板的文本框中输入对应的网址，再单击 + 添加1/4 按钮可继续添加需要轮播的海报，如图9-17所示。

图9-17 查看效果并输入网址

STEP 08 使用相同的方法添加其他图片，输入对应的网址，单击 保存 按钮即可查看海报轮播图效果，如图9-18所示。

图9-18 查看海报轮播图的效果

9.1.3 使用自定义模块装修店铺

在店铺装修中，除了使用系统模块进行装修外，还可使用自定义模块进行多个板块的一次性装修，该装修方法主要用于分类的制作。下面将讲解使用自定义模块装修的方法，其具体操作如下。

STEP 01 进入无线端首页装修页面，在页面的左侧单击"装修"选项卡，在其中选择"自定义模块"选项，并将其向右侧的无线端面板拖动，将其移

扫一扫

使用自定义模块装修店铺

动到轮播图模块下方，此时该区域将显示"模块放置区域"文字，释放鼠标即可完成自定义模块的添加，如图9-19所示。

STEP 02 选择自定义模块，在右侧打开的面板中单击"编辑板式"超链接，如图9-20所示。

图9-19　添加自定义模块

图9-20　编辑板式

STEP 03 打开"自定义模块编辑器"对话框，在其中间区域有一个蓝色的板块，将其拖动到左上角，并拖动矩形的4个点，此时其右侧的"编辑拼图版式"面板中将显示矩形框的尺寸。

STEP 04 单击右侧面板中的"添加图片"超链接，即可为框选区域添加图片，如图9-21所示。

图9-21　单击"添加图片"超链接

STEP 05 打开"图片空间"对话框，在其中单击右上角的 上传图片 按钮，打开"选择图片"对话框，再在其中单击 上传 按钮，如图9-22所示。

STEP 06 打开"打开"对话框，在其中选择切片后的图片，单击 打开(O) 按钮，如图9-23所示。

图9-22　上传图片

图9-23　选择切片后的图片

STEP 07 打开"选择图片"对话框，此时可发现上传的图片已在最上方进行显示，并且在图片的下方分别显示了对应的图片尺寸，这里选择"160×400"，完成后单击 确认 按钮，如图9-24所示。

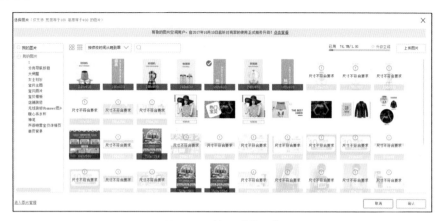

图9-24　选择上传的图片

STEP 08 打开"选择图片"对话框，在左侧面板中显示了选择的图片，在右侧面板中则显示了对应的尺寸信息，这里直接单击 保存 按钮，如图9-25所示。

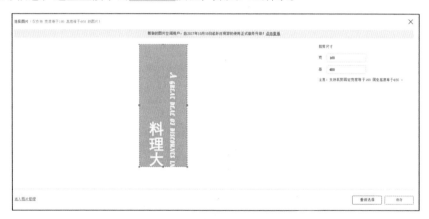

图9-25　查看尺寸信息并保存

经验之谈:

若是选择的图片不符合要求，除了可在"选择图片"对话框中进行裁剪外，还可直接单击 重新选择 按钮，重新对图片进行选择和替换。

STEP 09 使用相同的方法，继续在"自定义模块编辑器"中绘制160像素×400像素和240像素×400像素的矩形，并分别添加图片，其效果如图9-26所示。

图9-26　绘制其他矩形并添加图片

经验之谈：

　　在制作模块时，若是绘制的模块不是需要的尺寸，可直接选择该模块，在上方单击 ■ 按钮，即可删除选择的模块；若需要使用多个相同大小的模块，可在绘制一个模块后，单击上方的 ▣ 按钮，对模块进行复制；若是绘制的区域不能满足图片大小的要求，可向下拖动 ⇩ 按钮，增加页面大小。

STEP 10 依次选择商品模块，在右侧将显示链接框，在其中依次输入需要添加的链接地址，单击 完成 按钮即可完成自定义模块的创建，如图9-27所示。

STEP 11 返回装修页面，可发现在轮播图的下方显示了创建的自定义模块。此时，若需要将制作好的模块进行发布，可直接单击上方的 发布▾ 按钮，在打开的下拉列表中选择"立即发布"选项，即可发布成功，如图9-28所示。

图9-27　添加链接

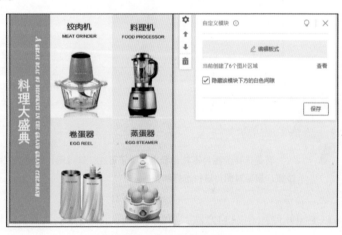

图9-28　查看完成后的效果

9.2 装修无线端详情页

许多人认为在制作PC端的详情页后，无线端店铺也会显示该商品的详情页，但实际上，由于无线设备与计算机对图片尺寸的要求不同，很多商品会出现图片不显示或显示不全、页面排版混乱的情况，因此重新装修无线端详情页变得尤为重要。使用"淘宝神笔"是装修无线端淘宝详情页最常用的方法。下面将先介绍使用模板装修详情页的方法，再对"淘宝神笔"的使用方法进行详细介绍。

9.2.1 使用模板装修详情页

无线端详情页是店铺流量的主要来源，它直接影响着商品的销量，但是并不是每个人都能自己制作好的详情页。这时，可直接购买详情页模板，直接将模板中的图片替换为商品图即可，这样不但简单，而且美观、方便，可为初学者节省很多时间并减少很多麻烦。

模板的购买方法为：打开"无线运营中心"页面，在左侧单击"详情装修"选项卡，在右侧将打开详情页装修板块，在其中罗列了不同类型的详情页样式。此时，在页面的上方可选择对应的行业和风格，也可直接在板块上单击 使用模板 按钮，进入购买页面。在该页面中可查看选择的详情页的基本信息，完成后选择收费标准，并单击 立即购买 按钮，根据提示进行付款，即可完成购买操作，如图9-29所示。

图9-29　购买模板的方法

> **经验之谈:**
>
> 　　在购买后使用模板时，需要注意模板中的商品图片需要全部替换，特别是带有人物、商标等的图片，不然会存在版权问题，容易直接被投诉。

9.2.2 使用"淘宝神笔"装修详情页

为了提高详情页的制作速度，无线端店铺的详情页可以直接利用"淘宝神笔"中的模板生成。下面通过"淘宝神笔"生成坚果的详情页模板，并对该模板进行发布，其具体操作如下。

STEP 01 登录淘宝账号，进入"卖家中心"页面，在"宝贝管理"栏中单击"发布宝贝"超链接，如图9-30所示。

STEP 02 打开发布页面，在其中依次选择商品类型和品种等内容，完成后单击 **我已阅读以下规则，现在发布宝贝** 按钮，如图9-31所示。

> 📢 **经验之谈：**
>
> 除了可通过"发布宝贝"进行详情页装修外，还可直接使用"淘宝神笔"进行装修。其方法为：进入"无线端运营中心"页面，在左侧单击"详情装修"选项卡，在右侧将打开装修模板；单击最上方的"宝贝详情管理"超链接，将打开"宝贝管理"页面，在右侧罗列了发布的商品信息；选择需要编辑无线端详情页模块的商品，单击其右侧的"编辑"超链接，即可进入神笔编辑页面，在其中也可使用首页模块的装修方法进行装修操作。

图9-30　单击"发布宝贝"超链接

图9-31　选择商品信息

STEP 03 打开"发布宝贝"页面，在其中依次输入商品的相关信息，再在"手机端描述"栏中单击选中"使用神笔模板编辑"单选项，在下方的编辑框中单击 **立即编辑** 按钮，如图9-32所示。

STEP 04 打开"淘宝神笔"的编辑区，在左侧列表中单击"图片添加"按钮 🖼，添加前面制作好的图片，如图9-33所示。

技巧秒杀

也可将鼠标光标放在打开页面的"导入详情"选项上，在打开的下拉列表中单击"导入模板"超链接，在打开的页面中单击"购买新模板"超链接，直接购买模板进行装修。

图9-32　使用神笔模板编辑

图9-33　添加图片

STEP 05 打开"选择图片"对话框，在其中单击左上角的 上传新图片 按钮，打开"上传新图片"对话框；在其中单击 点击上传 按钮，打开"打开"对话框，选择需要上传的图片，单击 打开(O) 按钮，如图9-34所示。

STEP 06 返回"上传新图片"对话框，在下方显示了上传的进度，完成后单击 插入 按钮，将图片插入到编辑区，如图9-35所示。

图9-34　选择需要上传的商品图片

图9-35　插入上传的商品图片

STEP 07 此时，在中间区域将显示添加的详情页效果，完成后单击 完成编辑 按钮，完成编辑操作，如图9-36所示。

STEP 08 返回"发布宝贝"页面，在神笔编辑区将显示添加的详情页效果，单击 发布 按钮，即可发布编辑的商品，如图9-37所示。

图9-36　完成编辑

图9-37　发布宝贝信息

9.3 知识拓展

1. 如何提高无线端淘宝店铺的流量？

无线端淘宝店铺的流量主要分为自然搜索流量、类目流量、淘客流量、直通车流量、活动流量。在对流量进行优化时，最主要的是优化商品的搜索转化率、无线端成交量、搜索点击率。可通过个性化的推荐去优化，也可以通过旺宝神器去提高流量。

2. 如何快速转化PC端详情页模板并将其应用于无线端？

在制作无线端详情页时，若需要使无线端详情页和PC端一致，可将PC端的模板直接转换为无线端的模板。其方法为：在"发布宝贝"页面的PC端描述栏中插入PC端详情页，再在无线端描述栏中单击 导入电脑端描述 按钮，在打开的提示框中单击 确认生成 按钮，即可将PC端的详情页转换为无线端详情页。注意转换完成后需要查看无线端详情页的文字是否变形，因为两者尺寸不同，会导致展现效果的扭曲。

9.4 课堂实训——装修无线端促销展示页面

【实训目标】

无线端首页除了有前面介绍的各个模块外，还可使用自定义模块制作促销展示区。该区域可以直接使用自定义模块进行制作，也可以使用单列图片模块进行依次添加。下面介绍使用自定义模块制作无线端促销展示页面的方法。

【实训思路】

先在无线端首页中使用自定义模块框选模块的区域，再添加图片。

STEP 01 登录淘宝账号,进入"卖家中心",打开装修页面,选择"自定义模块"并将其添加到首页中。打开"自定义模块编辑器"对话框,在中间区域绘制到12行的模块区,双击完成编辑,此时在右侧的"模块编辑"面板中将显示模块的尺寸信息。

STEP 02 打开"无线端促销展示图.jpg"素材文件(配套资源:\素材文件\第9章\无线端促销展示图.jpg)。将制作完成的效果图上传到图片空间中,打开"选择图片"对话框,此时可发现上传的图片已在最上方进行显示;选择图片,单击 确认 按钮,即可完成图片的添加。此时,在"自定义模块编辑器"对话框中可查看编辑后的信息,如图9-38所示。

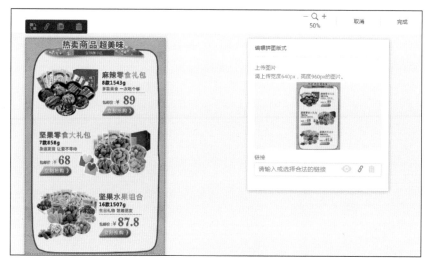

图9-38 查看装修后的效果